ちくま新書

やりなおし高校地学

——地球と宇宙をまるごと理解す

鎌田浩毅
Kamata Hiroki

1432

まえがき

地学は高校で教えられる理科の4科目のうちの一つです。その学習内容の中身を大まかに分けると、「固体地球」、「岩石・鉱物」「地質・歴史」「大気・海洋」「宇宙」の5分野になります。これらはいずれも人類の居場所である地球と密接に関連するものです。すなわち、地学はほかの理科3科目と比べて日常生活に最も近い科目なのです。

いま私たちがこうやってここに居られるのは、地球という「居場所」があるからです。人類のふるさと、地球はどうやってできたのでしょうか？　そして、いつまで私たちはここに居られるのでしょうか？

地球は太陽系の一部です。8つの惑星を持つ太陽系が誕生したのは、今から約50億年も大昔のことでした。宇宙空間に漂っていた岩石や氷、チリが集まって太陽となり、その周囲に地球が回り始めました。今から46億年前の出来事です。

太陽系に水星、金星、火星、木星など惑星ができるなか、地球にとって幸運だったのは、大量の水があったことです。水は生命を育むうえで不可欠の物質なのです。

水は0℃で凍り、100℃で沸騰する性質を持っています。そして水が液体の状態でいられるためには、温度が0℃と100℃の間でなければなりません。太陽に近い金星は熱すぎて、水がすべて蒸発してしまいました。

その反対に、太陽から遠い火星は寒すぎて、凍り付いてしまったのです。すなわち、地球は偶然、太陽からほどよい距離にあったため、水が液体の状態で残りました。今から40億年も前からずっと、地表には海が大量の水をたたえてきたのです。

そのおかげで地球にはある温度範囲の安定した環境が生まれ、生命を宿すことができました。生命誕生という今から38億年も前の事件です。

最初に出現した生物はバクテリアのような単細胞でした。ここから多細胞生物へと進化し、さらに体から手足が出てきて脳ができ、やがて人類にまで進化しました。

ここには厳しい宇宙空間で特異な環境が38億年間も守られてきた歴史があります。実は、生命が生まれて、一度も途絶えなかったのは、僥倖《ぎょうこう》の集積と言っても過言ではありません。というのは、地球上の生物は何度も絶滅の危機を乗り越え、現在まで生き延びてきたからです。地学はこうした壮大な歴史の上に成り立つ学問なのです。

†絶滅の生存者が次代の覇者に

さて、「古生代」「中生代」「新生代」という言葉を理科の授業で習ったことがあるでしょう。いずれも地球の歴史を区切る言葉ですが、「生」は生物、「代」は時代を表します。ここで「生物の時代」と表現するのは、地球の歴史は生物の種類がガラッと変わることで決められたからです。なぜ変わったかというと、その境目で生物が大量に絶滅したからです。

たとえば、5億4000万年前に始まった古生代では、2億5000万年前に全生物種の90〜95%が死滅する大惨事が起きました。そして、生き残ったわずか5%ほどの生物が次代の覇者となって進化していったのです。古生代の次に来る中生代が恐竜の時代であったことは有名です。絶滅を生き延びたものが次代の覇者《はしゃ》になったのです。

その恐竜も今から6500万年前に、巨大隕石《いんせき》が地球に落ちて絶滅しました。高さ300mの大津波が陸を襲い、飛散したチリが日光を遮《さえぎ》って極度の寒冷化に向かったのです。その過酷な条件下で生き延びたのが哺乳類《ほにゅうるい》で、次の新生代の覇者となって現在にいたります。人類が地球上で繁栄したのは、恐竜が滅びたからでもあるのです。

こうした現象をひとことで言うと「地球の歴史は想定外の繰り返し」です。恐竜にとってはとんでもない想定外、しかし哺乳類にとっては千載一遇《せんざいいちぐう》のチャンスでした。ほとんどの生物は絶滅するが、全部は死なない。必ず生き残る者がいて、それが次代を作っていきます。地球の歴史はそれを絶え間なく繰り返してきたのです。

したがって、地球上で生物が完全に絶滅していたら人類はここに存在しない。だから、現存する生物はみな38億年の連続性を持っているのです。言い換えると、我々は全員38億歳と考えられます。

もし20歳の学生ならば38億歳プラス20歳、60歳で還暦を迎えた人は38億歳プラス60歳なのです。こうした見方こそ人類が地球という居場所に存在する意味であり、それを教えてくれるのが地学なのです。

†「大地変動の時代」に入った日本

さて、日本列島は2011年3月11日に、マグニチュード9の巨大地震、つまり東日本大震災に見舞われました。このクラスの巨大地震が起きたのは平安時代以来、千年ぶりのことでした。

東日本大震災を境に、日本列島は「大地変動の時代」に入ってしまいました。何枚ものプレート（岩板）が接する日本では、ときどき地震が起きます。日本にやってきた外国人が一番驚くのが、この地震です。

彼らから見れば人が住んでいることを不思議に思うほどの地理的条件にあります。にもかかわらず、日本の高校・大学ではいま、「地学離れ」が進み、高校での履修率は5％と極めて低い状態です。つまり、大多数の日本人の「地学リテラシー」は中学レベルで止まったままなのです。複数のプレートがひしめく日本で生き延びるには、本当は地学の知識が不可欠です。

これまで私は「科学の伝道師」として、専門である地学の「おもしろいところ」「ためになるところ」を学生や市民に伝えてきました。本書はそのエッセンスを一冊に詰め込んだものです。

さらに、地学のセンター試験など大学入試に用意された問題を解きながら、じっくりと地学を学んでいきます。解答と解説の中で、地学の知識をわかりやすく織り込みました。具体的には、地球内部の構造から、日本列島の成り立ち、地震と噴火のメカニズム、地球温暖化問題、さらに宇宙の歴史まで解説します。

日本人にとって必須の地学の教養を今こそ身につけていただきたいと切に願っています。言わば、すべての日本人に捧げる「サバイバルのための地学入門」という意味を込めて書きました。

それでは入試問題を解きながら、楽しく高校地学を学んでみましょう。

鎌田浩毅

やりなおし高校地学——地球と宇宙をまるごと理解する【目次】

まえがき 003
絶滅の生存者が次代の覇者に／「大地変動の時代」に入った日本

第1章 地球とは何か 015

1 地球はどのようにできたのか？ 016
原始太陽ができたおかげで惑星ができた／マグマオーシャンが冷えることで地球の核と大気・海洋ができた

2 地球の形と大きさ 025
地球が丸いことに気づいたのは？／地球の大きさはどうしてわかる？／ニュートンが考えた回転楕円体／ジオイドで知る、地球のかたち／アイソスタシーとは何か／ある地点における「重力」は、どのように計算するか

3 地球は巨大な「磁石」である 045
地磁気とは何か／地磁気はなぜできたのか？／生命を守る地球の磁場

第2章　地球は生きている!——その活動をさぐる　055

1　地球の内部はどうなっているのか?　056
地球の内部構造を卵に置き換えて考える／地球内部の熱はどこから来たのか

2　大地は動く——地球の活動の謎を解く　068
大陸移動説とは何か——中央海嶺の発見／海底は動いている／地磁気の逆転が、日本の千葉で起こっていた?!／プレートとはどんなもの?／プレートの運動でさまざまな現象が解決する／沈み込んだプレートの行方——プルーム・テクトニクス／地震が起こるのもプレート・テクトニクスのため／火山はどうしてできるのか

第3章　地球の歴史を繙《ひもと》く　109

1　地球の「変化」「成長」の手がかりとは　110
時代の情報と環境の情報／地層を「読む」ための基本ルール

2　地質学とは何か　117
地層を「つないで」推測する／世界中に分布した化石を利用する方法／各年代と生物にとって

の大事件／地質学の誕生――スミスの功績／放射性元素を利用する
3 岩石の「読み方」 135
岩石の「でき方」／火成岩は何からできているのか／火成岩の種類／岩石から時代の情報を読み解くには／岩石を生む「変成」とは何か

第4章 日本列島の成り立ち 147

1 日本列島は地学的にはどのようなキャラなのか？ 148
4つのプレートが押し合いへし合いする現場／日本列島は地震の巣である
2 日本列島はどのような岩石からできているか 152
日本列島は大陸から分離してできあがった／ホットプルームと日本列島／日本列島へ「岩石が付加される」とはどういうことか？／日本列島はこのように形作られた
3 日本列島の形ができるまで 167
日本列島の起源と形成のプロセス／フォッサマグナとは何か／活火山を背骨とする日本列島／プレート運動が各地の地形を作った
4 日本列島の特徴 178

火山活動が地上に残す爪痕／火山と共存するための心構え／富士山が世界にも稀な火山である ワケ／西南日本が警戒すべき巨大断層・南海トラフとは／九州にも「地震の巣」がある／液状化現象という二次被害／津波の発生するメカニズム

第5章 動く大気・動く海洋の構造 195

1 地球を覆う大気の構造 196
大気が気象の「決め手」となる／大気はどのような構造をしているか

2 地球上の温度が一定に保たれる仕組み 203
太陽エネルギーが地球を暖める／地球から出ていくエネルギーもある／「温室」効果をもたらす気体／日本の「猛暑」は温暖化のせい？／ヒートアイランドはなぜ起こる？／地球規模で見ると……

3 大気が大循環するメカニズム 215
緯度によって変わる気流／赤道近くで大気はどう動くか／中緯度・高緯度地域ではどう動くか／地球の自転が気流にどうかかわるか

4　海洋も大循環している　223
水が動けば気象も変わる／大循環する海水の不思議／海水の動きには月と太陽も影響する／風と海流によって起こるエルニーニョ現象／地球は「ミニ氷河期」に向かっている？

第6章　宇宙とは何か　245

1　宇宙の誕生と構造　246
宇宙の始まりはビッグバン！／宇宙に元素ができるまで／宇宙に銀河ができるまで／ダークマターと宇宙の構造

2　恒星の誕生と進化　256
恒星ができるまで／主系列星の大きさと寿命／恒星の終焉と赤色巨星／赤色巨星以降の恒星の進化と終末／恒星の進化がわかるＨＲ図

3　私たちの銀河系　269
銀河系の構造／銀河系の公転と中心部

4　さまざまな銀河と膨張する宇宙　274

銀河の形による分類／活動する銀河／膨張する宇宙
あとがき　283
地学の勉強法／人類の存立基盤について知る／高校地学をめぐる現状／「大地変動の時代」の地学／「長尺の目」で地球を考える
参考文献　xi
索引　i

編集協力＝水野昌彦
本文図版＝朝日メディアインターナショナル

第１章

地球とは何か

地球上でもっともダイナミックな地学現象の1つに火山噴火がある。太平洋のハワイ島では活火山のキラウエア火山が毎年のように噴火を繰り返し、噴水のように溶岩を流出している（2005 年7月20日撮影、US Geological Survey提供）

そもそも地学とは、「地を学ぶ」、すなわち地球と宇宙、大気、海洋について学ぶ学問です。この章では、「地球」とはどのようなものなのかを見ていきましょう。

地球とは何か、と言っても、さまざまな切り口が考えられます。地球はどのようにしてできたのか（歴史）、地球は何でできているのか（素材、構造）、地球はどのような惑星なのか（性質、宇宙のなかでの位置づけ）、です。

私たちが住む、この足元の地球について、あなたはどのくらい知っているでしょうか。地学ではこれらの問いに答えるように、具体的に「地球」について知ることができます。順に見ていくことにしましょう。

1 地球はどのようにできたのか？

まずは、地球の歴史や由来について、掘り下げていくことにしましょう。地球はどのように誕生し、どのような歴史をたどって、現在の姿になっていったのでしょうか。

地学の目標を一言で表すと、「我々はどこから来たのか、我々は何者なのか、我々はどこへ行くのか」を追究することにあります。これは印象派の画家ゴーギャンが描いた大作のタイトル（1897―98年制作、ボストン美術館蔵）でもありますが、本章は「我々はどこから来たのか」にも直結するこの壮大な問いを追っていきます。

†原始太陽ができたおかげで惑星ができた

【センター試験問題】
隕石《いんせき》や微惑星《びわくせい》の衝突は、地球の形成と歴史に影響を与えた。隕石や微惑星の衝突に関して述べた文として最も適当なものを、次の①～④のうちから一つ選べ。
①大量の微惑星の衝突により、地球の形成初期にその表層はとけてマグマで覆われた。
②金属を主成分とする微惑星の集積で地球の核が形成された後、岩石を主成分とする微惑星が衝突してマントルが形成された。
③衝突した微惑星中のガス成分が気化し、酸素を主成分とする地球の原始大気が形成された。
④白亜紀《はくあき》末の生物の大量絶滅は、巨大隕石の衝突と関係がないと考えられている。
（2017年度地学基礎、本試験、第1問、A、問3。出典=大学入試センター試験、以下同）

地球は宇宙の中でどのように誕生し、形成されてきたのかを問う問題です。地球の誕生には、宇宙の歴史もかかわってきます。

地球ができる前、宇宙空間には何があったのでしょうか。宇宙の始まりは、文字通り「無」からの誕生だったと考えられています。今をさかのぼる138億年前、宇宙はまったく何もないところに突然、極微小の大きさで生まれました。こうした誕生の後、宇宙は急速に膨張を始めて現在まで続いています。

その後、我々のいる太陽系が約50億年前に誕生し、水星、金星、地球、火星と始まる8つの「惑星」が次々にできました。

ちなみに、太陽系は銀河系という星やガスの大集団の一つに含まれます。この銀河系ができてからだいぶ後になって、地球が含まれる太陽系もできました。太陽ができた頃、周辺の宇宙空間には、水素とヘリウムからなるガスと微粒子がただよっていました。ガスや微粒子を星間《せいかん》物質と呼びます。

星間物質は質量を持っていますので、自らの重力で引き寄せられ、ぶつかり合い合体して大きくなっていきます。太陽もその最初は、こうした星間物質の集合体でした。

この集合体が大きくなるに従って、周囲の星間物質は回転しながら中心部に集まり、さらに集合体が巨大化して光り輝くようになって「原始太陽」になります。

原始太陽が十分に大きくなると、星間物質は太陽にぶつからなくなり、太陽の周りをぐるぐると回るようになります。星間物質は、より重たい物質は太陽の近くに、物質が軽くなればなるほど遠くに、まるで遠心分離機にかけられたように分けられていきます。

そして、これらの物質同士がぶつかり合い合体して、太陽に近いほど重い物質でできた微惑星《びわくせい》（直径1〜10kmほど）を形成していきます。微惑星は、太陽から遠いほど軽い物質でできたものになります。

これらの微惑星同士が、さらにぶつかり合い合体して、太陽系にある8つの惑星（水星、金星、地球、火星、木星、土星、天王星、海王星）へと成長していきました。なお、以前は一番外側にある冥王星《めいおうせい》も太陽系第9惑星とされていましたが、現在は「準惑星《じゅんわくせい》」に区分されています。

さて、ここで特筆すべきことは、太陽の巨大さです。太陽系にある8つの惑星全部を合わせても、太陽の質量の1％に満たないほどです。

巨大な太陽は、8つの惑星と各惑星の衛星、おびただしい数の小惑星《しょうわくせい》（岩石でできた小さな星）や彗星《すいせい》（氷でできた小さな星）などの中心に位置して、まさに君臨するかのようです。これらの星たちは太陽の引力によってコントロールされ、太陽の周りをぐるぐると回っています。

原始地球は、こうしてできた8つの惑星の一つです。たくさんの微惑星がぶつかってできたことにより、膨大な運動エネルギーが地球表面で熱エネルギーに変換されることになりました。この頃の地球表面は、ものすごい高温（およそ1500℃）になっています。まさに、「火の玉地球」の時代です（24頁の図1-1を参照）。

このとき高速でぶつかった微惑星の岩石は全部溶《と》けて、マグマになります。たえまない微惑星の衝突により、マグマは地球の表面全体へ広がり、やがてマグマオーシャン（高温のマグマでできた海）が地表を数百kmから2000kmもの厚さで覆うようになりました。

現在は地表の7割を海洋が占める「青い惑星」ですが、当時は地球表面のほとんどがマグマでできた「赤い惑星」だったと想像してみてください。

これらの誕生の経緯を知ったうえで、先の設問を見直してみましょう。

【問題の解答】

正解：①

〈考え方のポイント〉

①正しい。先ほど解説した「マグマオーシャン」のことが書かれているこの選択肢が正解です。

②誤り。地球はおびただしい数の微惑星（岩石）の結合体としてできました。火の玉状

態の地球が少しずつ冷えることで、何億年もかけて核やマントルなどの内部構造が形成されていったのです。これを地学では「分化」と呼びます。もともと微惑星は岩石からなるので、この選択肢にある「金属を主成分とする微惑星の集積で核ができた後、岩石を主成分とする微惑星が衝突してマントルができた」ということはありません。核、マントルといった地球の構造については、後で詳しく解説していきます。

③誤り。マグマオーシャンに溶けていたガス成分は、水や二酸化炭素です。酸素は、後の時代に誕生した生物の活動によって大量に作られたもので、この時代にはほとんど存在していません。

④誤り。白亜紀に恐竜などが絶滅したのは、メキシコのユカタン半島付近に衝突した巨大隕石によるもの、という仮説が現在最も有力です。

†マグマオーシャンが冷えることで地球の核と大気・海洋ができた

【センター試験問題】

誕生した頃の地球は、（　ア　）で生じる熱や大気の温室効果によって高温となり、マグマオーシャンに覆われていた。マグマオーシャンの中では（　イ　）成分が沈み、その後、地球の中心部に集まって核を形成した。地表の温度が低下すると、原始地殻や原始海洋が形成された。また大気の組成は時代とともに変化し、現在の大気組成となった。

問1　上の文章中の（　ア　）・（　イ　）に入れる語句の組合せとして最も適当なものを、次の①～④のうちから一つ選べ。

	ア	イ
①	放射性同位体の崩壊	岩石
②	放射性同位体の崩壊	金属
③	微惑星の衝突	岩石
④	微惑星の衝突	金属

（2016年度地学、本試験、第5問、A、問1）

先ほど述べたように、太陽系にできた微惑星は衝突と合体を繰り返し、8つの惑星へと成長していきました。地球が今の大きさにまで大きくなると、宇宙空間には地球にぶつかる微惑星が少なくなってきます。

先に、衝突による運動エネルギーが供給されたと述べましたが、衝突がなくなると熱の供給がなくなるので、マグマオーシャンは何億年という時間をかけて徐々に冷えていきました（図1-1）。

「マグマオーシャン」には、微惑星からもたらされたさまざまな物質が溶けていましたが、密度の大きい物質（鉄やニッケルなどの金属）は地球の中心へ、岩石などの密度の小さい物質は表面のほうへ移動していきました。さらに密度が小さい水や二酸化炭素はマグマオーシャンを飛びだし、地表に「原始大気」を形成していきました。

マグマオーシャンの底にたまった密度の大きい鉄やニッケルなどの金属は、ある時点で、それまで地球の中心にあったより軽い物質と一気に置き換わったと考えられています。こうして、地球の「核」ができあがりました。核は冷えていくことで、さらに固体の「内核」と液体の「外核」に分かれました。

マグマオーシャンが冷えていくと、地球内部で「マントル」という層を形成しました。核の外側に位置する層となります。マントルも重さの違いで、より重い下部マントルと、より軽い上部マントルへと分かれました。そしてマントルよりも外側には「地殻《ちかく》」ができ、大気や海洋が形成されていったのです（図1-1）。

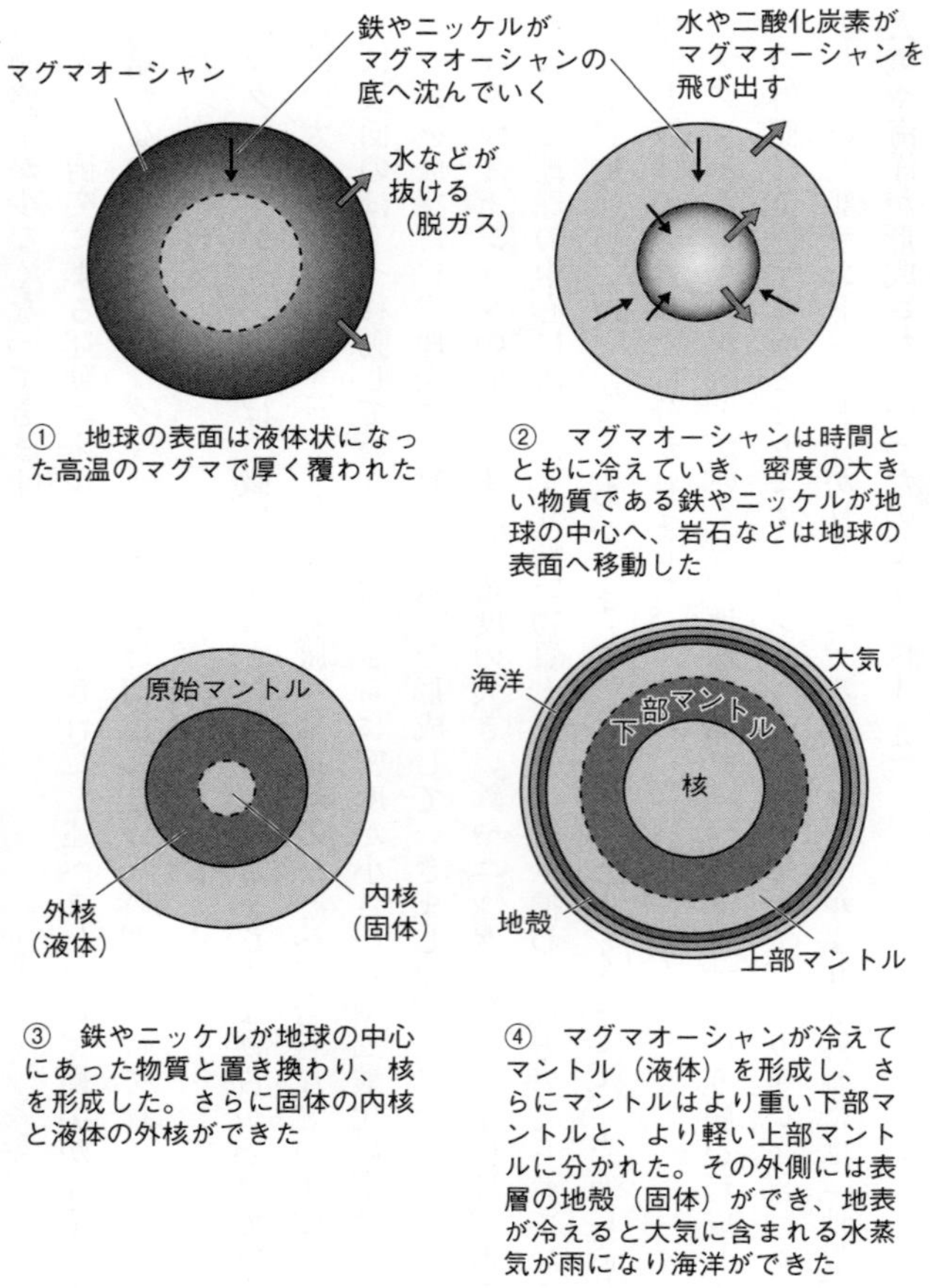

① 地球の表面は液体状になった高温のマグマで厚く覆われた
② マグマオーシャンは時間とともに冷えていき、密度の大きい物質である鉄やニッケルが地球の中心へ、岩石などは地球の表面へ移動した

③ 鉄やニッケルが地球の中心にあった物質と置き換わり、核を形成した。さらに固体の内核と液体の外核ができた
④ マグマオーシャンが冷えてマントル（液体）を形成し、さらにマントルはより重い下部マントルと、より軽い上部マントルに分かれた。その外側には表層の地殻（固体）ができ、地表が冷えると大気に含まれる水蒸気が雨になり海洋ができた

図1-1：地球の内部構造の変化。マグマオーシャンが冷えることで核・マントル・地殻ができ、外側に大気・海洋ができた

このように、地球全体の温度が低下していくことで、物質の状態が分かれていき、構成もより複雑になっていきます。このような変化を地学では、「分化」と呼んでいます。


【問題の解答】

正解：④
〈考え方のポイント〉

マグマオーシャンは、微惑星の衝突で膨大なエネルギーが供給されたことによって、地表が1500℃もの高温になったためにできました。

ウランやトリウムなどの放射性同位体の崩壊も高温を発生しますが、マグマオーシャンができるほどの熱は発生しません。地球の内部から40億年にもわたって熱を作り出している放射性同位体の崩壊については、第2章、第3章で詳しく見ていきます。

2　地球の形と大きさ

地球が丸いことについて、現代の私たちは当たり前のこととして捉えていますが、この考え方にたどり着くまでに、科学の歴史では激しい論争が繰り広げられました。

現代では、気象衛星が撮影した地球の写真を見ることでも地球が球体であることを確認できますが、過去の人々はどのようにして足元の地球の形を考えていたのでしょうか。それが丸い球状であると認識するために、どのような試行錯誤を経てきたのでしょうか。「当たり前」を疑うことから、科学の真実への探求は始まります。そこで古代から議論されていた「地球のかたち」について、順に見ていくことにしましょう。

†地球が丸いことに気づいたのは?

地球が丸いことに人類で最初に気がついたのは、古代ギリシアの数学者ピタゴラス(紀元前570—紀元前496年?)といわれています。ピタゴラスは、ピタゴラスの定理(直角三角形の斜面の平方は、ほかの2辺のそれぞれの平方の和に等しい)で有名で、万物の根源を「数」としました。

ピタゴラスは風景を観察することで、地球が丸いという事実を導いていきました。たとえば、船が出航して沖へ遠ざかっていくとき、まず下のほうから船体が水平線に隠れていき、最後は高いところにあるマストが消えていきます。この現象は、地球が平らではないから起こるのだというわけです。

その後、同じく古代ギリシアの哲学者アリストテレス（紀元前384―紀元前322年）は、月食で観察できる地球の影が円形であることから、地球は丸いと考えました。

ちなみに、アリストテレスはプラトン（紀元前427―紀元前347年）の弟子で、ギリシア最大の哲学者と言われ、物理学、博物学、論理学、倫理学、文学、政治学など多くの学問の分類や研究を行いました。マケドニアのアレクサンドロス大王（アレクサンドロス3世、紀元前356―紀元前323年）の師としても有名です。

†地球の大きさはどうしてわかる?

また古代ギリシアの数学者でもあり天文学者でもあったエラトステネス（紀元前276―紀元前195年）は、紀元前220年頃に地球は丸いと考え、人類で最初に地球の大きさを求めたことが知られています。

アレクサンドリアの図書館長をしていたエラトステネスは、図書館にあった膨大な書物の中から、シエネという町（現在のエジプトのアスワン）に興味深い現象が記録されていることを発見しました。

この町にある深井戸では、夏至《げし》の正午にだけ水面に太陽の光が届くというのです。また、夏至の正午に垂直に立てた棒には、まったく影ができないというのです。

次に、北方のアレクサンドリアやほかの場所では、夏至の正午に垂直に立てた棒は、わずかに影ができること、しかも距離が離れると日の差す角度が変わることを確認しました。

エラトステネスは、この現象を用いて地球の全周を求めることができると考えたのです。アレクサンドリアとシエネでは、距離が925km離れています。そして、シエネでは真上にある太陽が、アレクサンドリアでは7・2度南に傾いているのです。このことから、アレクサンドリアとシエネは緯度にして7・2度の差があることになります。

地球の中心を考えると、地球の中心とアレクサンドリアとシエネの3点を結んでできる三角形から地球の半径と全周が計算できます。アレクサンドリアとシエネの距離925kmは、地球全周の360分の7・2倍に相当します。これを式にして地球の全周を計算すると、

925×360÷7.2＝46,250（km）

となります。この数字は、現在わかっている地球の全周約4万kmからそんなに間違ってはいませんでした。実に驚くべき精度といえます。

†ニュートンが考えた回転楕円体

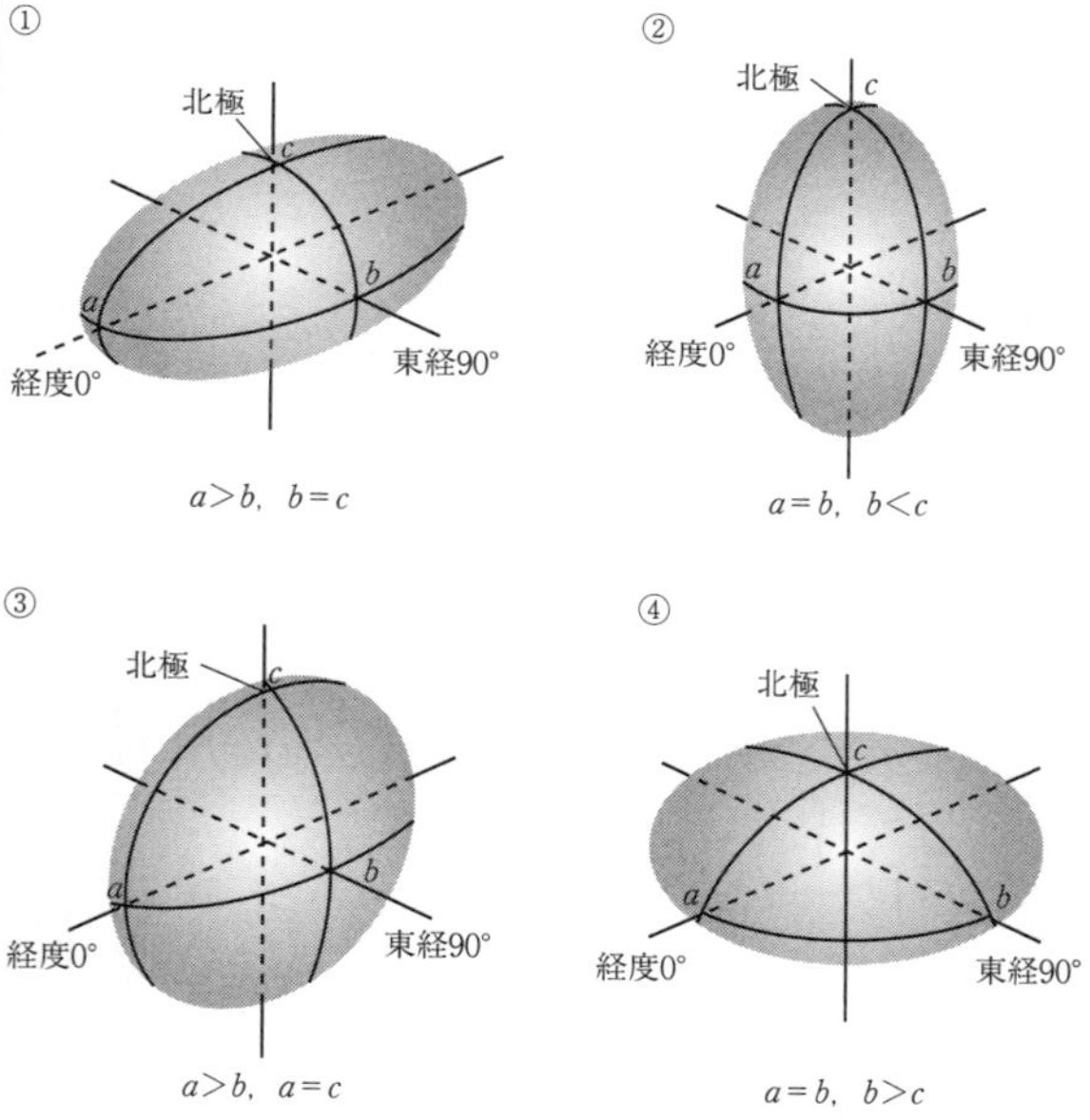

【センター試験問題】

地球の形に近い回転楕円体《かいてんだえんたい》を表す図として最も適当なものを、①〜④のうちから一つ選べ。ただし、分かりやすくするために、図では長軸方向の半径（長半径）と短軸方向の半径（短半径）の違いを誇張して描いてある。また、a、b、cは地球の中心からの距離である。

（2015年度地学、本試験、第1問、A、問1）

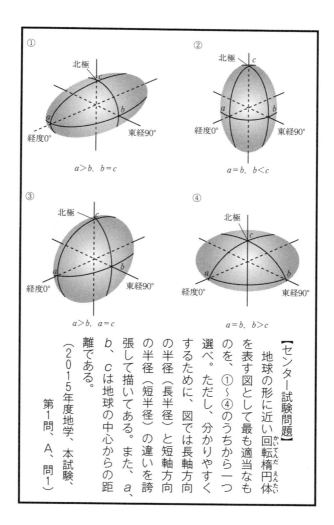

時代が下り、「万有引力」を発見した17世紀のイギリスの物理学者アイザック・ニュートン（1642―1727年）は、地球は「回転楕円体《かいてんだえんたい》」の形をしていると考えました。この問題でも問われている「回転楕円体」とは何か、見ていきましょう。

地表にあるすべての物体にかかる重力は、地球の中心に向かって引っぱられる「引力」と、中心から遠ざかろうとする「遠心力」を合わせた力「合力《ごうりょく》」になります。なお遠心力は自転軸と直交する力で、地球の自転によって離れようと働く力です。

さて、遠心力の大きさは、地球の自転軸からの距離に比例しています。つまり、自転軸上にある南極と北極では遠心力が0になるので、重力は引力とイコールになります。最も遠心力の大きくなる赤道では、地球上で最も重力は小さくなります。

赤道では重力が小さくなるので、ニュートンは、地球は低緯度のほうがわずかに膨《ふく》らんだ形をしていると考えたのです。ちなみに、こうした形を「回転楕円体」と呼びます。

ニュートンの予想では、南北の極から押しつぶしたような形になるイメージです。とはいえ、遠心力は引力に比べてはるかに小さい値です。地球の自転による遠心力を計算すると、扁平率《へんぺいりつ》230分の1だけ赤道では膨らんでいる形であると予想しました。

なお、扁平率は円や球に対してどれだけつぶれているかを表した数字で、値が小さいほど平べったく薄くなります。現在では、実際の扁平率は、約300分の1ということがわかっています。

ところが、フランスの天文学者ジャック・カッシーニ（1677―1756年）は、地球は南北方向へ伸びた回転楕円体であると主張し、両者の間で激しい論争が起こりました。

フランス学士院は、カッシーニの説を実証するために、地球の南北へ測量隊を送り、実際に計測することになりました。そして、7年9カ月をかけて1743年に測量が完了しました。ちなみに北行き（トルネ谷）は一年ほどで終了しましたが、南行き（エクアドル）にこれだけの時間がかかったのです。

実測してみると、赤道半径は極半径より20kmほど長いことがわかり、フランス学士院の期待とは逆に、ニュートン説の正しさが認められてしまいました。

現在では、地球1周の長さは、赤道の長さで4万77km、両極を通った1周の長さは4万9kmとわかっています。

【問題の解答】
正解：④
〈考え方のポイント〉
地球の形に近い回転楕円体を「地球楕円体」と呼びますが、ジオイドに最も近い形です。なお、ジオイドとは平均的な海水面によって表される地球の形のことで、南北の極方向と比べて赤道方向が少し膨らんだ形をしています。これは先ほど述べた自転による遠心力の影響を受け横に広がっているのです。

さて、地球楕円体の赤道断面は円になります。したがって、a＝bが成り立ちます。また、赤道半径は極半径より長いので、b＞cが成り立ち、正解は④となります。

ジオイドとは、地球の形を表す方法の一つです。地球の形を平均海水面で表しますが、実際の地球の海水面は重力の大きさや方向、地下に埋没している物質の質量によりさまざまに変化しています。

そのため、ジオイドは完全な回転楕円体ではありません。ジオイドに最も近い大きさと形の回転楕円体を「地球楕円体」と呼んでいます（後述）。

†ジオイドで知る、地球のかたち

【センター試験問題】

地球の形や重力について述べた次の文a～cの正誤の組合せとして最も適当なものを、

	a	b	c
①	正	正	正
②	正	正	誤
③	正	誤	正
④	正	誤	誤
⑤	誤	正	正
⑥	誤	正	誤
⑦	誤	誤	正
⑧	誤	誤	誤

表の①～⑧のうちから一つ選べ。

a　地表からの高さとともに重力が大きくなる。

b　地球上のどの場所においても、鉛直下向きは地球の中心を向いている。

c　地球の形に近い回転楕円体において、長半径と短半径の差は1㎞より長い。

（2015年度地学、本試験、第1問、A、問2）

できました。

その後、地球の形は、地球の周りを回る人工衛星の観測により、非常に精密に求められてきました。

人工衛星は、地球重力の影響を受けて地球を周回しています。人工衛星の軌道を精査すれば、地球による「重力場《じゅうりょくば》」を知ることができます。なお、重力場とは、地球からの重力が作用する空間のことをいいます。

重力とは、もともと地球上の物体が地球より受ける力ですが、地球上で重力は物体の重さとして感じられます。

地球上の物体には地球からの引力と、地球の自転による遠心力が働いていることは説明しました。人間には、この2つの力の合力（方向を持った2つの力ベクトルの和）が、物体の重量として感じられています。そして赤道では遠心力が最も大きいのですが、それでも地球の引力は、遠心力の約300倍強く働いています。

ちなみに、実際の地球は、海面は潮汐《ちょうせき》があったり、また陸地でも山地があったり平野があったりと、かなり凸凹《でこぼこ》しています。そこで、「ジオイド」と呼ばれる仮想の地球の形を導入して解析しやすくしました（図1-2）。

ジオイドを見てみると、地球の形は回転楕円体というよりも、西洋梨《なし》のような形になります。ジオイドに最も近い大きさと形の回転楕円体を、「地球楕円体」（図1-2の点線部分）と呼びます。また、地球楕円体とジオイドのずれをジオイドの高さと呼んでいます。ジオイドの高さ（ずれ）は、北極でプラス16ｍ、南極でマイナス27ｍです。

ただし実際には、仮に地球の直径を１００ｍだとすれば、西洋梨のように出っ張っている部分はほんの１㎜にすぎません。１００ｍに対する１㎜ですから、ほとんど球にしか見えないレベルです。このようにジオイドとは、精密な観測と解析のために用いられる地学独特の概念と考えてください。

ちなみに、この問いの主題は地球の精密な測定結果に由来しますが、問題を解くための知識だけでなく、地学全体の考え方としてジオイドや重力場がどう用いられるか考えてみると非常に興味深いと思います。

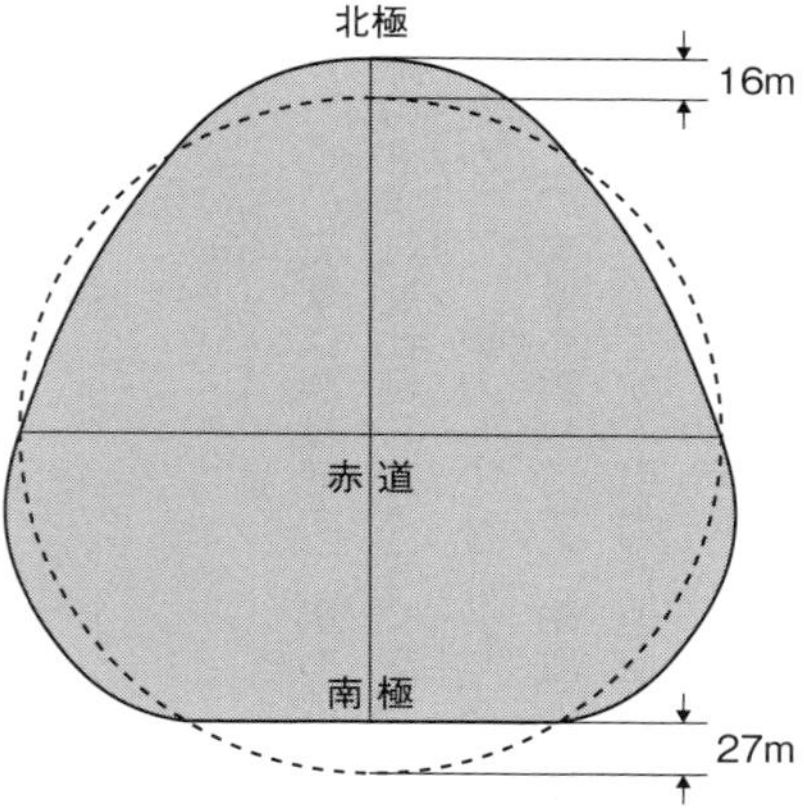

図1-2：ジオイドの形。人工衛星の軌道解析から求めると地球は西洋梨の形をしている（数研出版発行『地学』による図を一部改変）

【問題の解答】

正解：⑦

〈考え方のポイント〉

a　この文章は誤りです。重力は引力と遠心力の合力です。引力は地球の中心から、距離の2乗に反比例して小さくなっていきます。遠心力は引力よりはるかに小さな値です。したがって、重力も小さくなります。

b　この文章も誤りです。鉛直下向きとは重力の向きを表します。地球の中心を向いているのは引力です。引力と遠心力の合力が重力となります。ただし、両極と赤道では、引力の向きと重力の向きは一致するので、地球の中心を向きます。

c　この文章が正しいものです。地球の半径は約6400㎞で、地球楕円体の扁平率は300分の1です。地球の長半径をa、短半径をbとすると、

　扁平率：(a－b)/a＝1/300

長半径を6400㎞とすれば、

　a－b＝6400×1/300＝6400/300≒21（㎞）

となり、1㎞より長くなります。

【センター試験問題】

次の図3は、氷期と現在における、ある地域の断面を模式的に表している。氷期と比べると、現在では、地表を覆っていた氷床がとけて地殻の上面が470m隆起している。現在と氷期でいずれもアイソスタシーが成立しているとすると、氷期に地表を覆っていた氷床の厚さは何mか。最も適当な数値を、次の①〜④のうちから一つ選べ。ただし、この地域のマントル、地殻、氷床の密度と地殻の厚さは図3の通りである。

① 940
② 1400
③ 1700
④ 2800

（2018年度地学、本試験、第1問、C、問6）

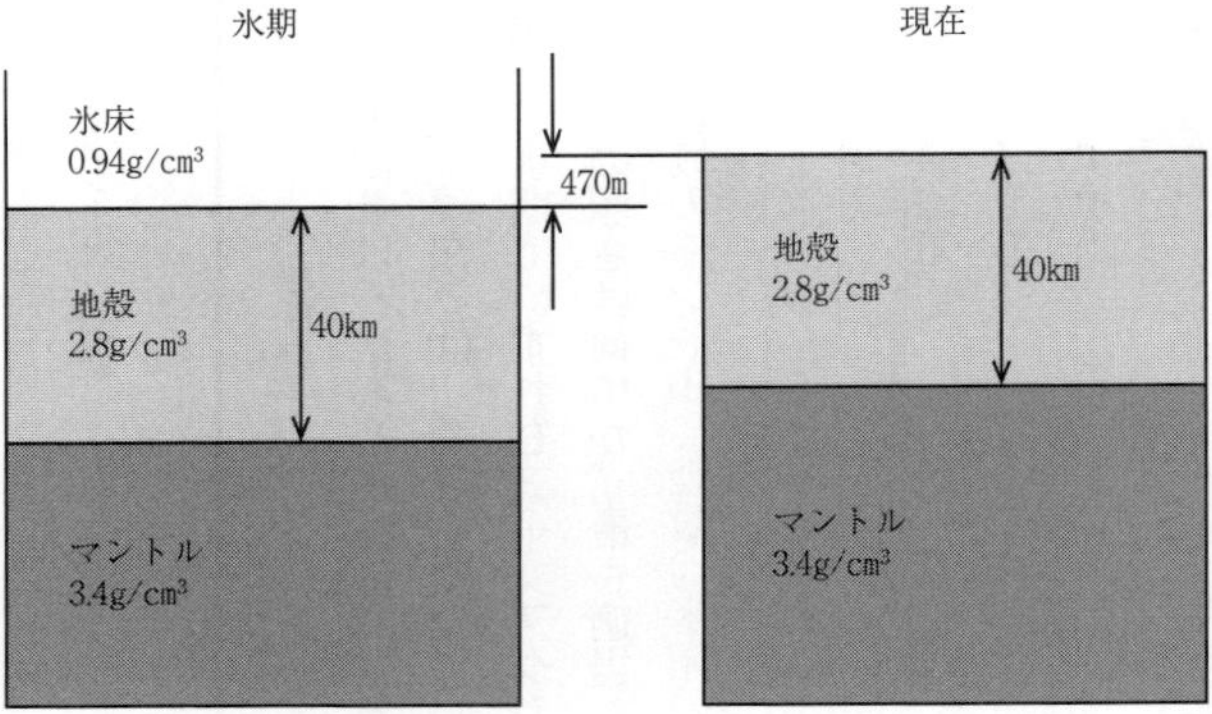

図３　ある地域での氷期と現在を比較した模式的な断面図

【問題の解答】

正解：③

〈考え方のポイント〉

氷期にあった氷床の厚さをxとします。地殻の隆起した470mと同じだけマントルが隆起しました。アイソスタシーが成り立つためには、氷期と現在それぞれの「密度×厚さ」が成り立てばよいので、次の式が成立します。

$$0.94\times x+2.8\times 40\times 10^3=2.8\times 40\times 10^3+3.4\times 470$$

$$x=(3.4\times 470)/0.94=1700\ (\mathrm{m})$$

最初に、地球の内部はどのような構造になっているのか、断面図で考えてみたいと思います。これまで述べたように、ざっくり言うと地球内部は中心から核、マントル、地殻という層に分かれています（図1-3）。物質としては、それぞれ金属、岩石、岩石で構成されています。

大陸の表面を構成する地殻は、マントルに比べて密度が小さく、流動するマントルの上に浮かんでいるような状態になっています。これは、北極海に浮かんでいる氷山の状態と

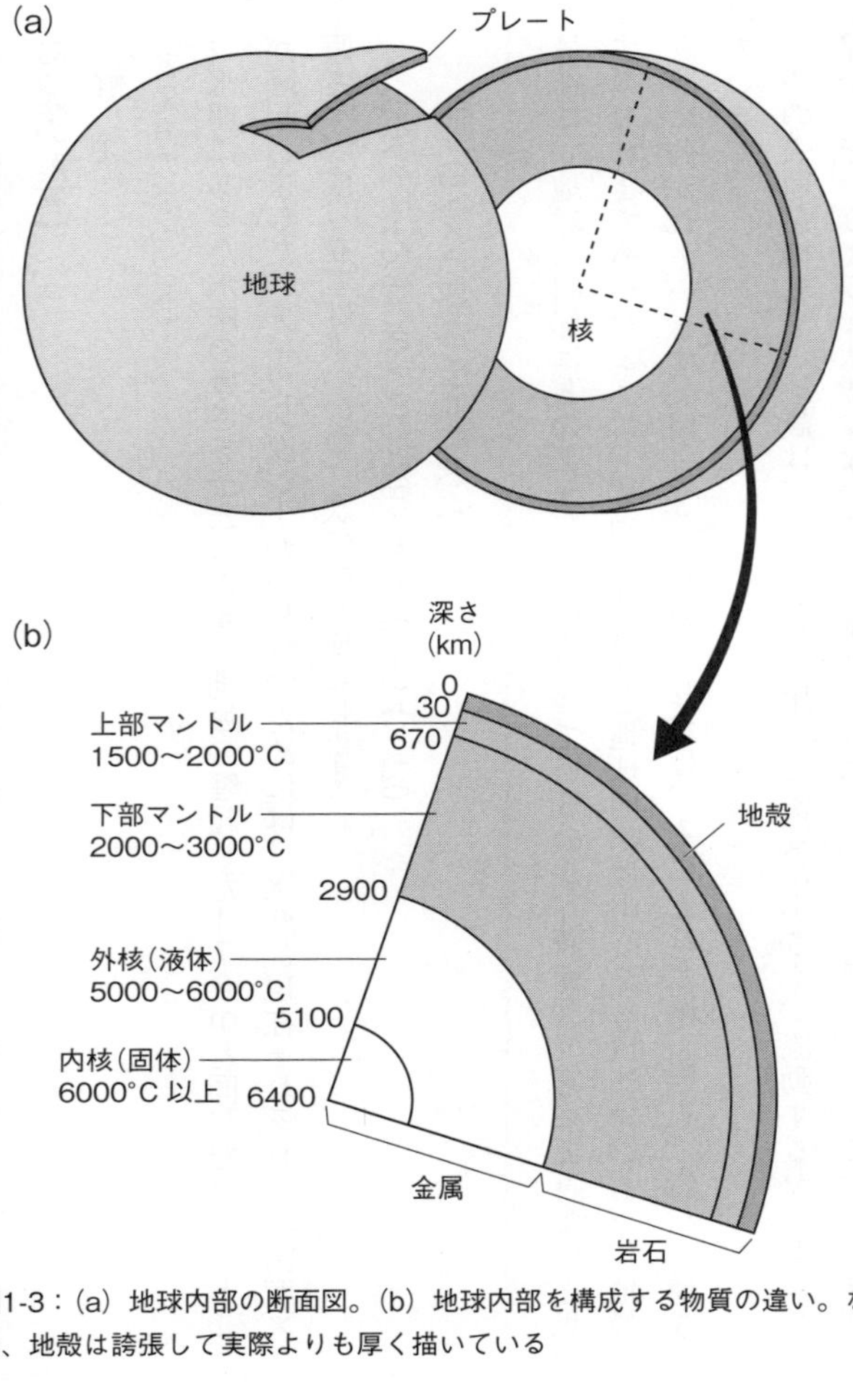

図1-3：(a) 地球内部の断面図。(b) 地球内部を構成する物質の違い。なお、地殻は誇張して実際よりも厚く描いている

似ているのです。つまり、氷山の高さが高くなればなるほど、水面下に沈んでいる部分が大量になります。

この状態が安定するように、マントル内部の同じ深さの面に加わる重力が、地殻の凹凸に合わせて、どこでも同じになるように地下でバランスをとっています。このような状態を地学では「アイソスタシー」と呼びます（図1-4）。

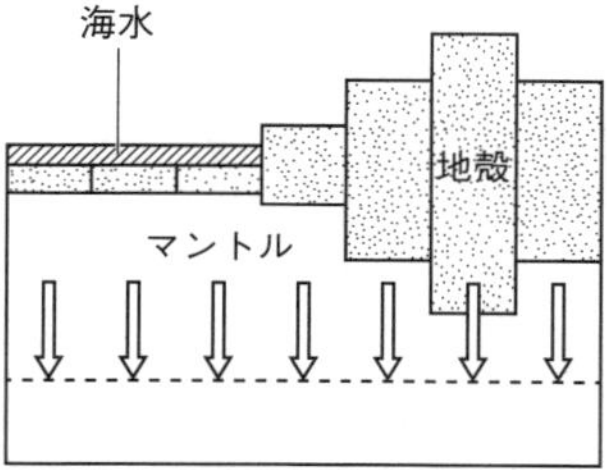

図1-4：アイソスタシーのイメージ図。同じ深さの面に加わる重力（矢印）は、すべて同じになるようにバランスを保っている

アイソスタシーは「等圧」「均衡状態」を意味する言葉で、地下の深いところでは岩石の圧力が一定の均衡を保っているという考えです。たとえば、地表の近くにある岩石は地面の凹凸によって受ける力が異なります。一方、地下のある深さより下では、圧力が一定の均衡状態になっているのです。

このアイソスタシーを、具体的な地学現象で見てみましょう。北欧のスカンジナビア半島は、約1万年前の最終氷期には厚さ1km以上の膨大な氷河に覆われており、アイソスタシーが成り立っていました。その後、氷期が終わって氷がすべて溶けてしまうと、載っていた氷の分の重量がなくなるので、再びアイソスタシーが成り立つように地殻が隆起を始めました。そのため、過去1万年間に300m近く土地が隆起し、なんと現在でも年間1cmほど隆起し続けているのです。

†ある地点における「重力」は、どのように計算するか

【センター試験問題】

地球の標準重力の緯度による変化を表した図として最も適当なものを、次の①～④のうちから一つ選べ。

①

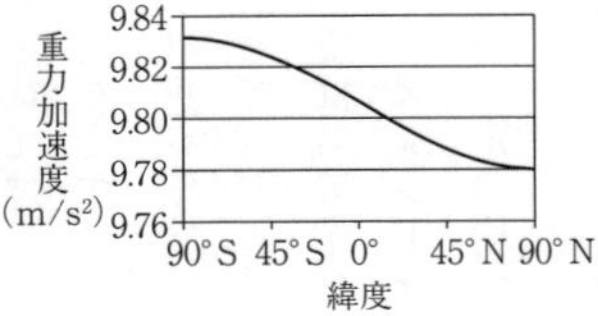

②

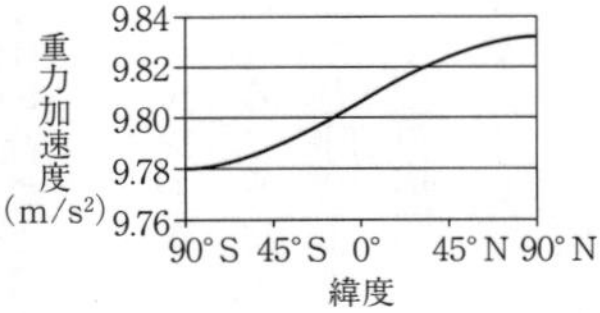

③

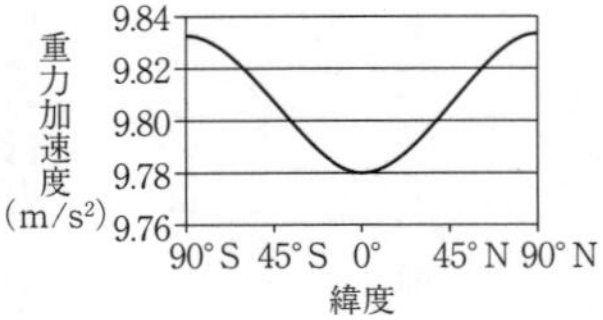

④

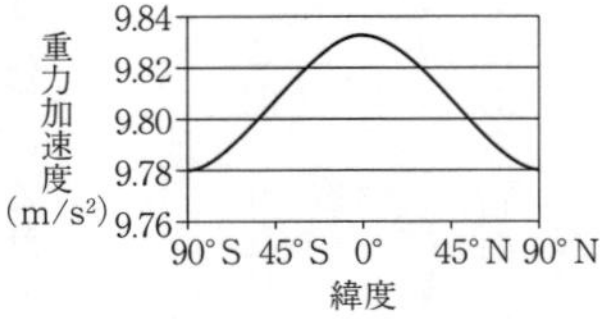

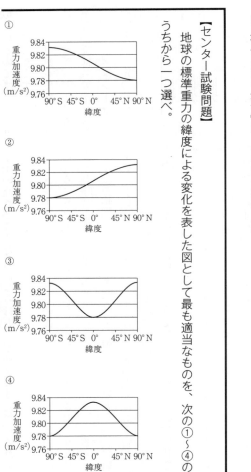

（2017年度地学、本試験、第1問、B、問3）

これまで説明してきたように、地球を回転楕円体と仮定したとき、地球上のある地点の計算上の引力と遠心力の合力を「標準重力」といいます。これは、実際に測った「実測値」と少しだけ異なるのです。ちなみに、「標準」と付いているのは、計算上の値であって実測値とは違うことを示しています。

さて、実測値は、「絶対重力計」を用いて測定できます。絶対重力計は、レーザー光の干渉を利用して物体の落下距離を非常に精確に測定する仕組みになっています。物体の落下距離と時間を測定することで、重力を算出することができます。なお、落下時間は、原子時計を使い正確に測ります。

標準重力と実測値が異なる原因は地下にあります。地下に高密度の物質がある場合、実測値は標準重力より大きくなります。また、反対に低密度の物質がある場合には、実測値は標準重力より小さくなります。このように、実際の重力の測定値は地下の状態によって、標準重力よりもずれてしまいます。このずれのことを「重力異常」といいます。

こうした重力の実測値を、ほかの地域と比較するためには、実測値をジオイド面上の値に補正する必要があります。この補正作業を、「重力補正」といいます。

実際のジオイドの算出は、国土地理院などのウェブサイトで、緯度・経度などを入力するとわかるようになっていますので、利用するとよいでしょう。

ちなみに、重力補正は3段階あり、①フリーエア補正、②地形補正、③ブーゲー補正を行います。この3つは高校地学で教える内容ではあるのですが、細かい計算を行うので地学で満点を取りたい読者以外は知らなくてよいと思います。

ひとことで言うと、重力補正はジオイド上に存在する物質の影響をうまく除いて、地下にある重かったり軽かったりする物質の異常を見つけるために行います。私見ですが、日常に身近でない内容が多くなりすぎることも、地学が敬遠される原因の一つだと思います。

【問題の解答】

正解：③

〈考え方のポイント〉

標準重力というのは、各緯度における計算上の重力値のことで、実測値とは異なっています。重力は引力と遠心力の合力（前述30頁参照）です。

引力は、地表から地球の中心までの距離の2乗に反比例します。そのため、両極（地表から中心までの距離が最も短い）では最大になり、緯度が低くなるほど小さくなって、赤道では最小になります。

遠心力は自転軸との距離が大きいほど大きくなります。ですから、両極では0になり、緯度が低くなるほど大きくなり、赤道で最大になります。

重力は引力が大きいほど大きくなり、逆に遠心力が小さいほど大きくなりますので、重力は両極で最大になり、緯度が低くなるほど小さくなっていき、赤道で最小になります（前述30頁参照）。

3　地球は巨大な「磁石」である

†地磁気とは何か

【センター試験問題】
問　次の文章中の（　ウ　）・（　エ　）に入れる語と数値の組合せとして最も適当なものを、次の①～④のうちから一つ選べ。

北半球のある地点で地磁気を測定したところ、全磁力は50000nT、水平分力は25000nTであった。この結果から計算できる地磁気の要素は（　ウ　）であり、その角度は（　エ　）度である。

	ウ	エ
①	偏角	30
②	偏角	60
③	伏角	30
④	伏角	60

（2017年度地学、追試験、第1問、B、問5）

皆さんご存知の通り、方位磁針（コンパス）のN極は北を、S極は南を指します。これは、地球が磁場を作っているからです。いわば、地球全体が巨大な磁石になっているということです。

地球の北極近くには磁石のS極（磁北極）があり、南極の近くには磁石のN極（磁南極）がある。これらに引き合うように、コンパスのNは北を向き、Sは南を向くというわけです。そして、地球が発する磁気のことを「地磁気」といいます（図1-5）。

地磁気には5つの要素があります（図1-6）。地磁気の強さを「全磁力」、地磁気の水平方向の強さを「水平分力《すいへいぶんりょく》」、垂直方向の強さを「鉛直分力《えんちょくぶんりょく》」と呼んでいます。さらに、水平分力が真北よりずれている角度を「偏角《へんかく》」、地磁気の向きと水平面のなす角度を「伏角《ふっかく》」といいます。

地磁気は、その向きと強さがわかれば各地点で定めることができます。これら5つの要素には地磁気が定まる3つの組合せがあり、「地磁気の3要素」といいます。多く使われる組合せは、「偏角、伏角、全磁力」の3つです。なお、地磁気が定まらない組合せは、例えば「伏角、水平分力、鉛直分力」の組合せです。

ちなみに、ここで述べた「偏角」と「伏角」は大陸移動など地面の大きな動きを測るときにも使います。さらに後述するように、地磁気は生命を守る重要な「生命のバリア」なので、本章の問題を解く以外にも生命進化の本を読む際などに必要な知識となるでしょう。

【問題の解答】

正解：④

〈考え方のポイント〉

全磁力と水平分力を与えられているので、地磁気の3要素を作図してみると、伏角か

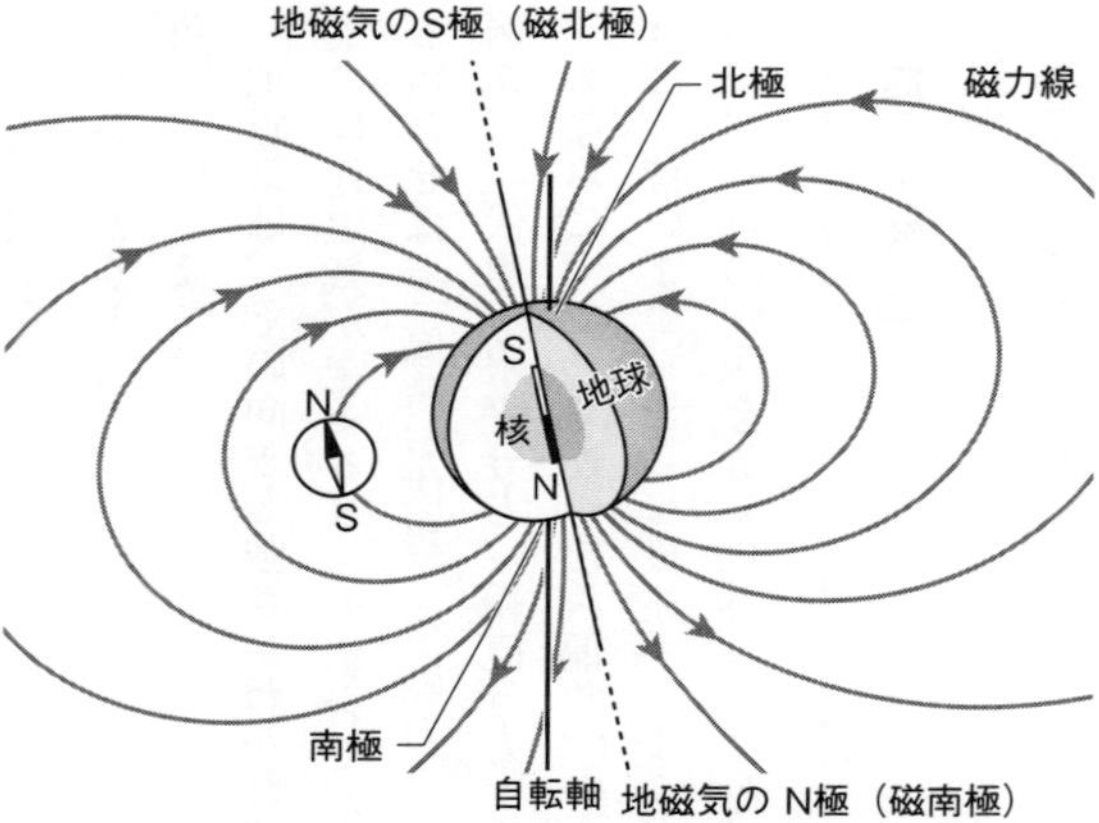

図1-5：地球の作る磁場。ちょうど地球の中心に巨大な棒磁石を置いたような磁場ができ、コンパスはこれに従って方位を示す

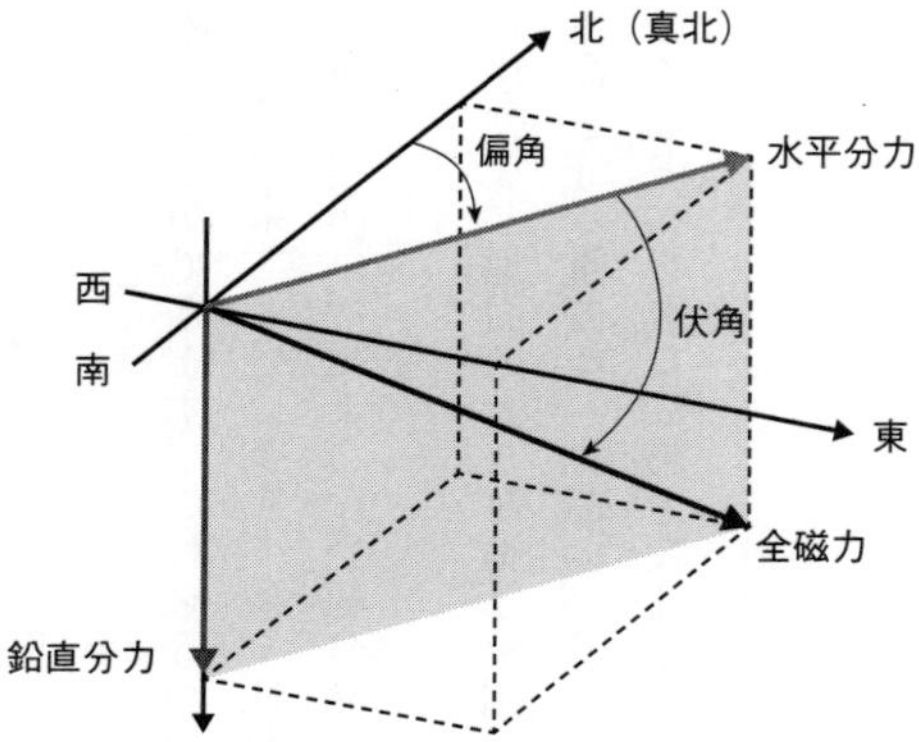

図1-6：地磁気の５つの要素（国土地理院による図を改変して作成）

垂直分力が求められます。問題では、角度を問われているので、（　ウ　）に入るのは「伏角」です。全磁力と水平分力の比は2：1なので、伏角は60度、つまり（　エ　）に入るのは「60」です。

†地磁気はなぜできたのか？

地球の中心には核があります。核はさらに内核と外核に分かれており、内核は固体金属で、外核は液体金属でできています。液体の外核はおよそ27億年前に「対流」を始めました。この外核の対流が、地球に磁場を発生させることにつながったという考え方があります。

理科（物理）の実験などで、鉄の棒にぐるぐる巻いた電線（コイル）に電流を流すことで、磁場が発生し電磁石ができることはご存じでしょう。これと同じように、外核が対流することで電子が移動して、地球深部に膨大な電流が発生することになります。

液体の金属が動くと電流が流れ、電流が流れると磁石の性質が生まれるというわけです。

こうして、地球には巨大な磁場が発生していると考えられたのです。この考え方を「ダイナモ理論」といいます。

ちなみに、地球の磁場の存在について実験で示したのは、イギリスの医師・物理学者ウィリアム・ギルバート（1544―1603年）です。ギルバートは、1600年『磁石論』を出版し、地球が巨大な磁石であることや、磁石には2極あり小さく切っても2極になることなどを解説しました。後の電磁気学の基礎を作り上げたことで知られています。

†生命を守る地球の磁場

【センター試験問題】

地球の磁気圏内部の磁力線の形と向きを表した模式図として最も適当なものを、次の①〜④のうちから一つ選べ。ただし、図は地球の子午線に沿った断面で、太陽は地球の左方向に位置しているとする。

①

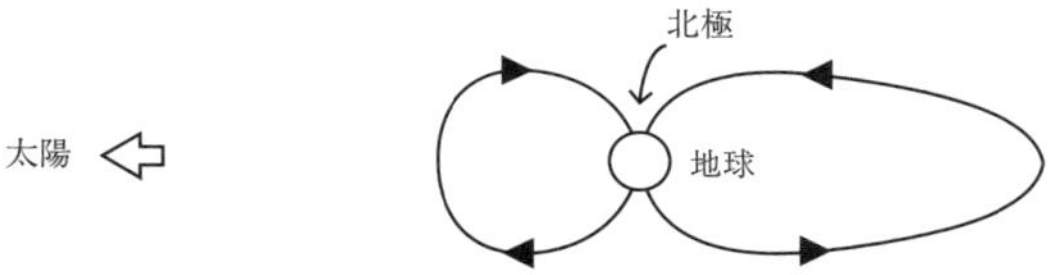

②

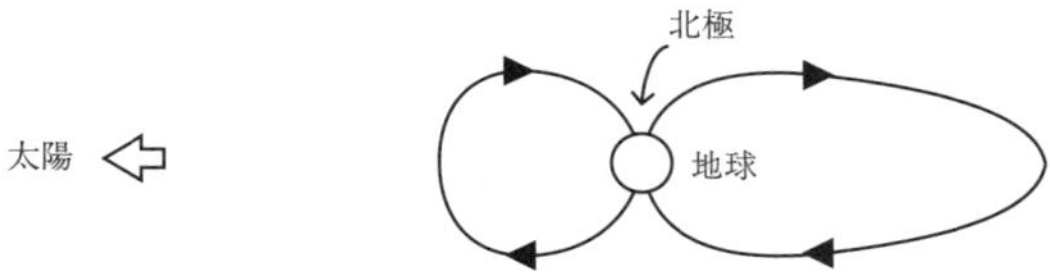

③

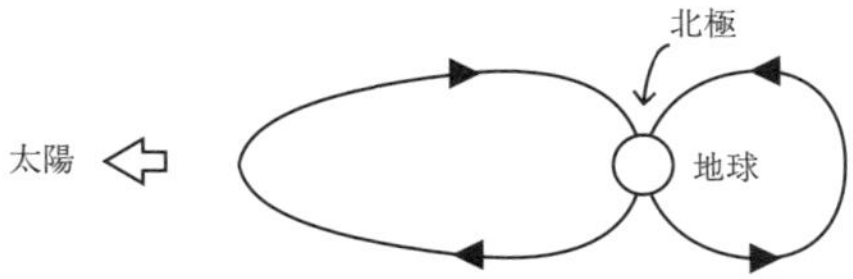

④

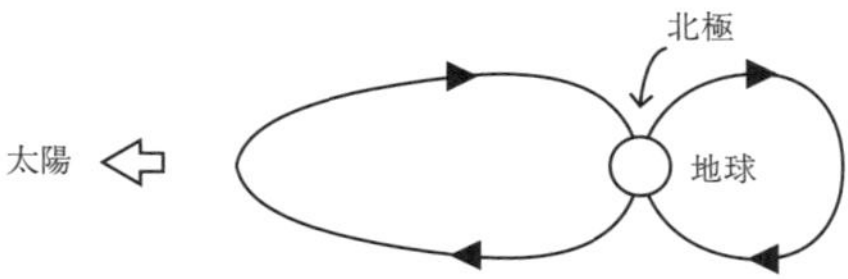

（2017年度地学、本試験、第5問、B、問4）

実は地球へは絶えず、宇宙線や太陽風などの、生命にとって有害な物質が降り注いでいます。宇宙線とは、はるか遠くの銀河や太陽から、高速で地球に飛んでくる素粒子《そりゅうし》のことです。宇宙線は地球の大気圏《たいきけん》に突入すると、大気の酸素や窒素の原子核と反応を起こします。特に、生物の細胞内のDNAを破壊するので要注意です。

特に、太陽から私たち生物にとって過酷な粒子が絶えず降り注がれています。太陽は核融合によって巨大なエネルギーを生み出しているため、その表面は「コロナ」とよばれる100万～200万℃に及ぶ高温の大気で覆われています。

コロナは、しばしば爆発的に膨張し、その際に陽子と電子の粒子が飛び出て、地球にまでやってくるのです。さらに、ヘリウムの原子核などの強い放射線も、太陽の激しい活動によって、地球へ高速で飛んできます。

これらの粒子は「太陽風」とよばれる高エネルギーのプラズマです。もし地球の生物が、これらの粒子を直接浴びることになれば、たちまち細胞は死滅してしまいます。

では現在、どのような仕組みで、私たち生物はこれらの有害な状況から逃れているのでしょうか。これは、約27億年前に地磁気が発生し、地球を包み込む巨大な磁場が発生した

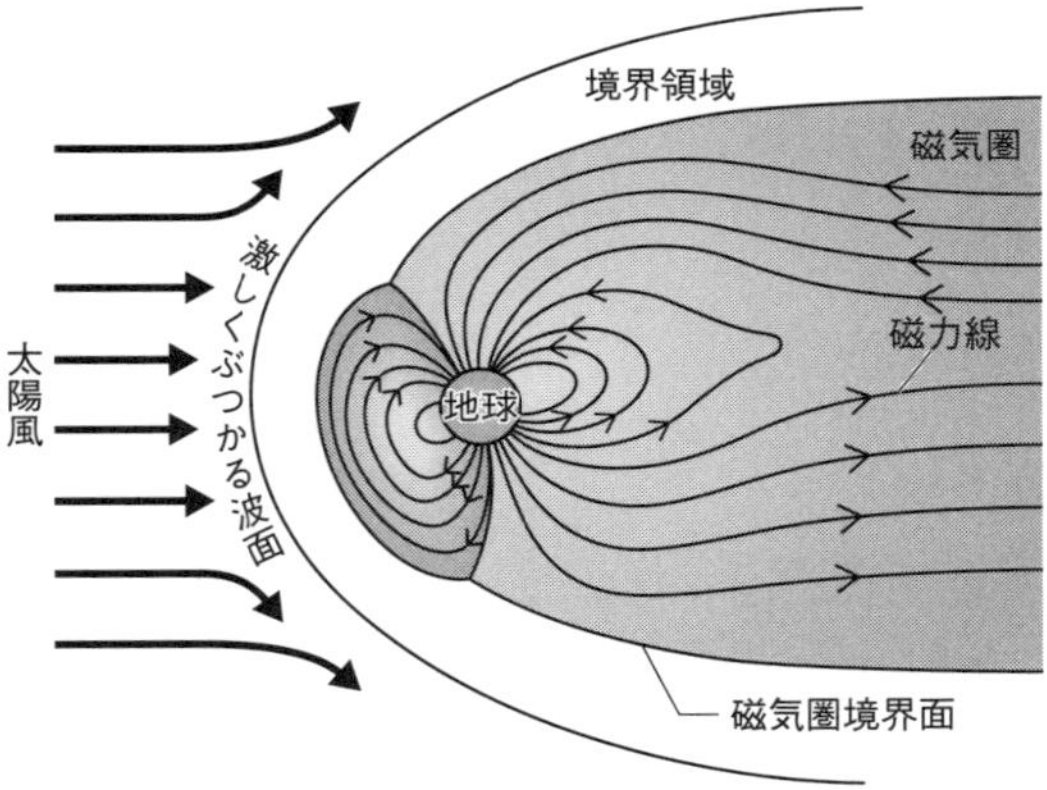

図1-7：有害な太陽風を防いでくれる地球磁気圏

ことに由来します。この磁場を地球磁気圏と呼んでいます（図1-7）。

こうした地球磁気圏が防御壁となって、宇宙線や太陽風は曲げられたり避けて通ったりするようになったのです。この防御壁の内側に惑星地球が位置することになり、私たち地上の生物が守られているというわけです。

おさらいをすると、およそ27億年前に、外核の液体金属が対流を開始して、地球の磁場が発生しました。

その結果、太陽風などの粒子や宇宙からの有害な放射線が地上に到達しなくなり、生物が子孫を作りながら生存できる大事な条件が整ったというわけです。地球上に生命が生まれるための「生命のバリア」がここから形作られていったと考えることもできます。

【問題の解答】

正解：①

〈考え方のポイント〉

先ほど述べたように、地球の地磁気は、北極側にS極、南極側にN極があります。磁力線はN極からS極へという方向に向かうので、南極付近から出て、北極付近へ向かっていることになります。また、地球の磁気圏は、太陽から吹き付けてくる太陽風にさらされて、太陽側は圧縮され、太陽と反対側へ引き延ばされていきます。

第 2 章

地球は生きている！
——その活動をさぐる

米国のイエローストーン国立公園には間欠泉から熱水が勢いよく噴出し、沈殿物が階段状の美しい池を作る。過去200万年に3回の巨大噴火を起こしたカルデラの地下7キロメートルでは、現在もマグマが活動し地面が少しずつ隆起しつつある（鎌田浩毅撮影）

前章では、「地球とは何か」を大まかに摑《つか》みながら基本的な問いに答えるように解説をしてきました。それを受けて本章では、「地球は生きている」という視点に立って、その活動の様子と仕組みを、より具体的に見ていこうと思います。

ずばり「地球は生きている」と聞いて、どのようなことが想像できますか？　地震や火山の活動に代表される「動く大地」、その原因として地球内部で繰り広げられている活動、「地球史」という広い視野で見たときの地球の活動周期、……。私たち人類をはじめ地球上の生物は地球の活動に翻弄《ほんろう》されながら生き延びてきたといっても過言ではありません。その活動とはどんなものか、見ていくことにしましょう。

1　地球の内部はどうなっているのか？

地球の活動を知るためには、まず地球の内部構造をより詳しく知る必要があります。前章では、核・マントル・地殻《ちかく》という大まかな断面図について解説しました（図1-3参照）。それらがどのように活動しているかを知りたいところですが、現在の科学技術では、実際に地球の内部を目で見ることは不可能です。

では、地球内部はどのようにして調べられたのでしょうか？　まずはこの疑問を追っていきたいと思います。

†地球の内部構造を卵に置き換えて考える

【センター試験問題】

問1　次の文章中の（　ア　）・（　イ　）に入れる語の組合せとして最も適当なものを、下の①〜⑥のうちから一つ選べ。

地球の地殻とマントル、核の中で、体積が最も大きな層は（　ア　）である。また、平均的な密度が最も大きな層は（　イ　）である。

	ア	イ
①	地殻	マントル
②	地殻	核
③	マントル	地殻
④	マントル	核
⑤	核	地殻

⑥核　　　　　マントル

問2　地震波のP波やS波について述べた文として最も適当なものを、次の①～④のうちから一つ選べ。

①地球内部のある領域では、P波の速度はS波の速度より遅い。
②縦波であるP波は、波の進む方向に対して平行に振動する。
③横波であるS波は、液体中は伝わらないが、気体中は伝わる。
④横波であるS波は、地表面を水平方向にのみ振動させる。

（2018年度地学、本試験、第1問、A、問1、問2）

地球の内部構造を考えるとき、実は「ニワトリの卵」に置き換えて考えるとイメージしやすくなります。前章では、核・マントル・地殻という断面図を大まかに見てきましたが、これをニワトリの卵に置きかえてみると、「地殻」は卵の殻の部分、「マントル」は白身、「核」は黄身に相当します。

さらに、マントルはより軽く低温の「上部マントル」と、より重く高温の「下部マントル」に分かれています。上部マントルの温度は1500～2000℃で、下部マントルの温度は2000～3000℃です。

また核は、液体状で5000～6000℃の「外核」と、固体で温度は6000℃以上もある「内核」に分かれています。地殻とマントルは岩石が主成分で、核は主に鉄とニッケルといった金属でできていると考えられています（図2-1）。

これら3つの構成要素のうち、大部分を占めるのはマントルです。卵を割ってみると、白身の部分がいちばん多いことからも想像できるでしょう。地球はその中心までの深さがおよそ6400kmありますが、マントルは地下2900kmまでのほとんどの部分を占めていて、地球の全体積の約8割にも相当します。

前述のとおりマントルの主成分は岩石で固体なのですが、地球史的な視点に立って長い時間で見ると、液体のように「軟《やわ》らかくて流れる」という性質を持っています。卵でも固まった黄身の周りをゆるゆるな白身が覆っている温泉卵のように、マントルの中では岩石が「対流」しているのです。

大きな地震が起こると、地震のエネルギーは波動となって、地球の内部を伝わっていきます。この「地震波《じしんは》」の伝わり方が、地球の内部構造を知るために大変有益な情報となります。こうした地震波は、全世界の地震観測所で計測されています。

地震波は、発生した時に2つの成分に分かれて、しかもタイムラグをもって地球の中を

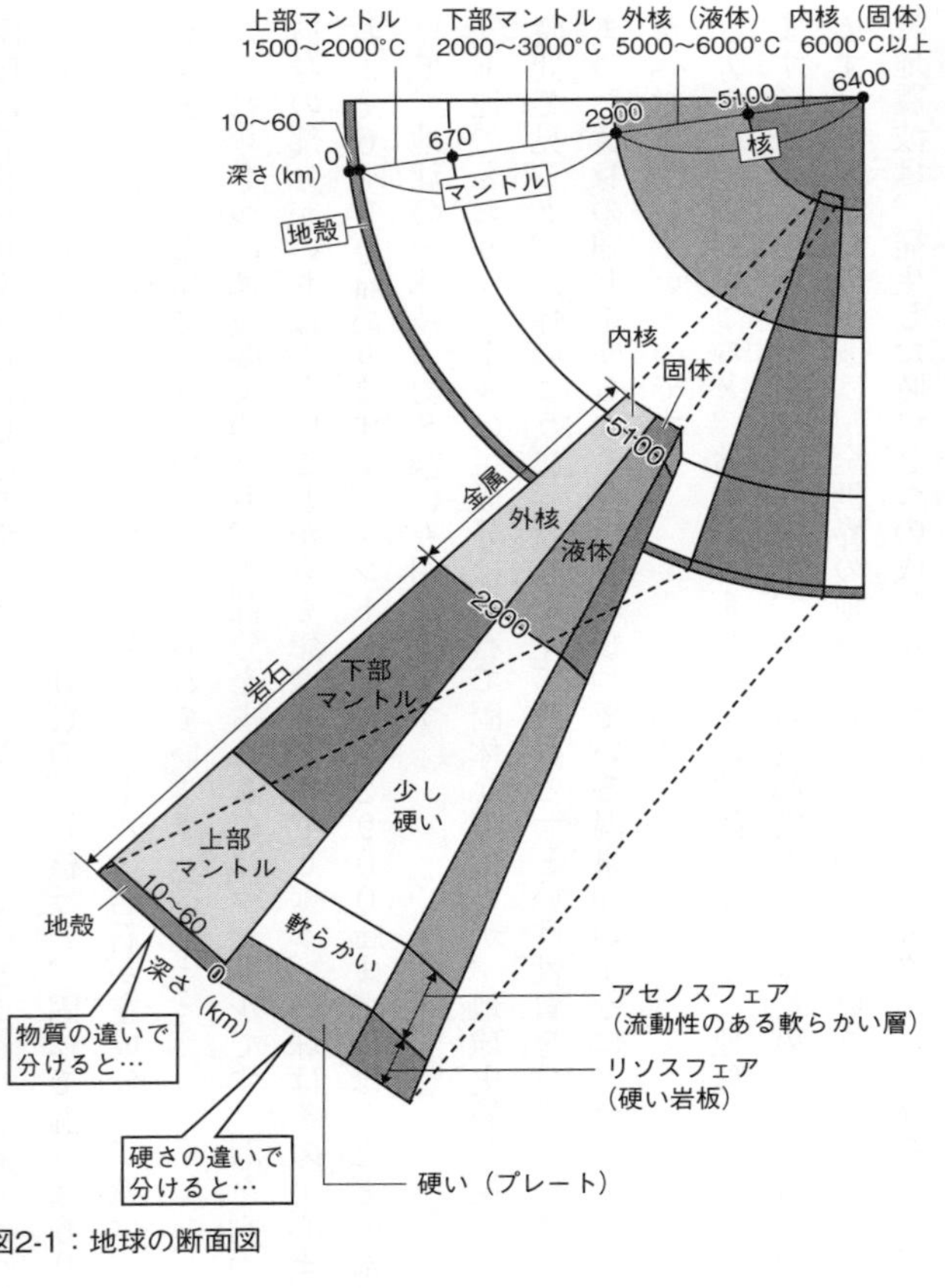
上部マントル
1500〜2000°C
下部マントル
2000〜3000°C
外核（液体）
5000〜6000°C
内核（固体）
6000°C以上
6400
5100
2900
670
10〜60
0
深さ(km)
核
マントル
地殻
内核
固体
5100
金属
外核
液体
2900
岩石
下部
マントル
少し
硬い
上部
マントル
10〜60
軟らかい
地殻
0
深さ(km)
アセノスフェア
（流動性のある軟らかい層）
リソスフェア
（硬い岩板）
物質の違いで
分けると…
硬さの違いで
分けると…
硬い（プレート）

図2-1：地球の断面図

伝わっていきます。みなさんも、大きな地震のとき、震動が間をおいて2回来ることを経験することがあるでしょう。

最初に感じるのが「地震かな？」と気づくカタカタという小さな揺れで、次にグラグラと家具などが揺れる大きな揺れがやってきます。最初に到達する小さな揺れ（初期微動）が、波の進む方向に伝わっていくP波（Primary Wave ＝最初の波。縦波）です。

続いて伝わってくる大きな揺れ（主要動）が、S波（Secondary Wave ＝第2の波。横波）です。波の進む方向と直角な方向へ震動するために、大きな揺れを感じるのです。

地震波の性質として、P波は固体と液体の中を伝わりますが、S波は固体中しか伝わりません。こうした性質を基に、地球の内部構造を調べるのです。

たとえば、地球の「外核」は、P波は通しますがS波は通さないことがわかりました。先述の性質と照合すると、外核は液体であることが推測できます（図2-2）。前述のようにマントルは固体ですので、P波もS波も通過することができます。

また、地震波が伝わる速度を観測することで、速度の分布（速度が速くなったり、遅くなったりする状況）から地球の内部構造を調べることができます。

地震波は基本的には、地中深くなるほど速くなります。また固いものや温度の低いものほど地震波は速くなります。地球内部を進む地震波の速度変化から、地球内部の密度や圧

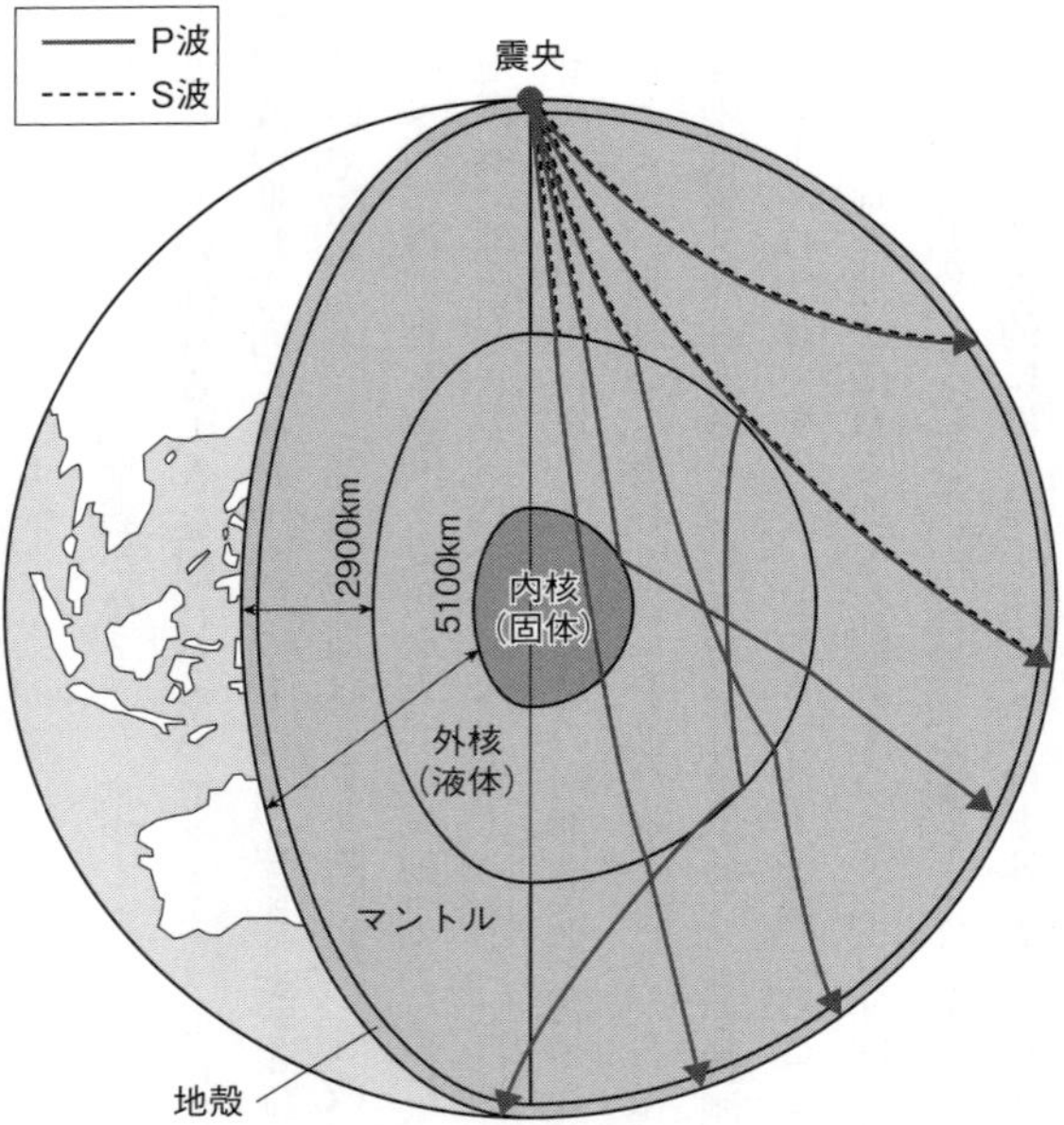

図2-2：地震波の伝わる性質から推定した地球の内部構造（木村学・大木勇人著『図解プレートテクトニクス入門』による図を一部改変）

力も求められているのです。

ちなみに、地震波が観測点まで届く時間を「走《そう》時《じ》」といいます。縦軸に走時をとり、横軸に震源（震央）から観測点までの距離をとったグラフを「走時曲線」といいます。

【問題の解答】

問1　正解：④

〈考え方のポイント〉

ア：地球の体積の約83％はマントル、約17％は核で、地殻の体積はわずかです。したがって、最も体積が多い層は「マントル」です。

イ：地球内部の圧力は、深くなるほど大きくなるので、密度も大きくなります。したがって、平均的な密度が最も大きな層は「核」になります。

問2　正解：②

〈考え方のポイント〉

①誤り：どの領域でも、P波の速度はS波の速度より速くなります。

②正しい

③誤り：S波は固体中しか伝わらない性質があります。

④誤り：S波は波の進行方法と直交する波です。S波が地表面に達したときのゆれは水平方向だけでなく垂直方向への成分もあります。

【センター試験問題】

地球内部は高温であるが、ⓐ内部の熱が表面に運ばれるので、地球はその長い歴史を通じて徐々に冷えている。地球の冷却とともに、ⓑ外核の液体が固化することで、内核は現在の大きさまで成長したと考えられる。

問1　上の文章中の下線部（a）に関連して、地球内部の熱について述べた文として誤っているものを、次の①～④のうちから一つ選べ。

①地表付近での平均的な地下増温率（地温勾配《こうばい》）は、深さ100mあたり約3℃である。

②地表付近での平均的な地下増温率は、地表から地球中心までの平均的な地下増温率よりも小さい。

③地球内部の熱源の一つは、岩石中の放射性同位体の崩壊による熱である。

④アセノスフェアはリソスフェアより高温であるため、流動しやすい。

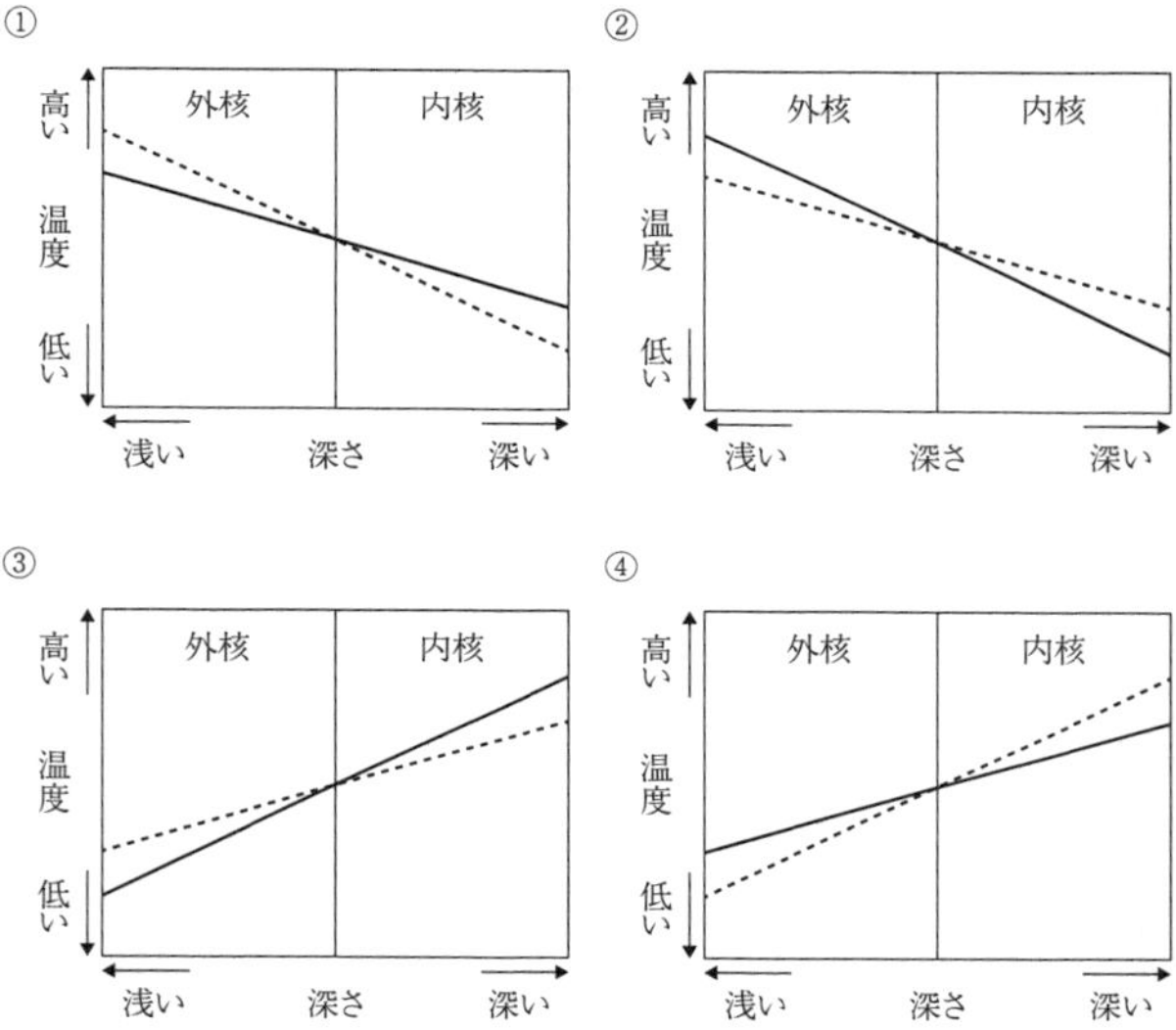

問2　文章中の下線部（b）に関連して、外核と内核の境界付近における温度と融点を表した模式図として最も適当なものを、上の①～④のうちから一つ選べ。ただし、図中で実線は温度、破線は融点を示す。

（2016年度地学、追試験、第1問、A、問1、問2）

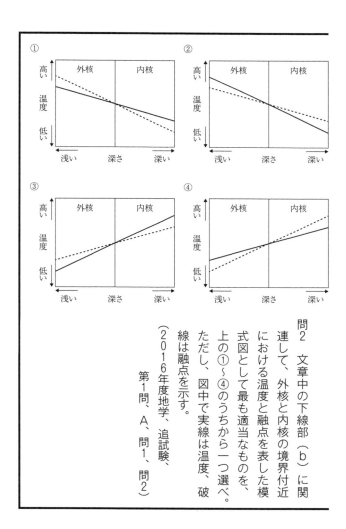

地球の内部はかなり高温で、中心部へ行けば行くほど高くなっています。上部マントルは1500～2000℃、下部マントルは2000～3000℃、外核は5000～6000℃、内核は6000℃以上と考えられています（図2-1参照）。

地球は太陽などの恒星《こうせい》と違って、自らエネルギーを発して光っている星ではありません。では、地球内部の熱はどこから来るのでしょうか？

地球内部の熱は、原始地球の頃に蓄積された熱エネルギーと、地球内部から新たに生まれてきた熱の2つがあります。前者の熱は、原始地球が成長するときに宇宙から岩石がぶつかっていたときの運動エネルギーに由来します（第1章を参照）。

また、後者の地球内部から熱を生み出している原因は、ウランやトリウム、ラジウムなどの岩石に含まれる「放射性元素」にあります。放射性元素が崩壊するときに、元素は質量を減らしながら熱エネルギーを放出します。この原理を利用して作ったのが、核爆弾や原子力発電で、これは「壊変《かいへん》エネルギー」と呼ばれています。

これらの熱エネルギーは、約40億年にもわたって、地球内部で核、マントル、地殻を動かす元になり、大陸移動や火山活動、プレート運動など地球内部のあらゆる運動の源になっているのです。

ちなみに、火山の噴火で噴出するマグマは液体で、固体であるマントルや地殻が溶《と》けた状態です。繰り返しになりますが、マントルやマグマは岩石が元々の成分です。通常、岩石が溶ける温度は1000〜1600℃ぐらいです。

ところが、地中深くの上部マントル部分にあるマントルは、それ以上に温度が高いのにもかかわらず固体です。その理由は、地下深くなるほど、高圧になるからです。固体は、圧力が高くなればなるほど「融点《ゆうてん》」（固体が溶けて液体になる温度）が高くなります。

【問題の解答】

問1　正解：②

〈考え方のポイント〉

①正しい

②誤り：地表付近での平均的な地下増温率が地表から地球中心までの平均的な地下増温率と同じとすると、地球の半径約6400㎞、地下増温率は30℃／㎞なので、

6400×30＝192,000（℃）

となってしまいます。

地下増温率：地球の内部は高温なので、地表から地下へいくに従って、岩石の温度が上昇します。平均すると深さ100ｍあたりおよそ3℃上昇することがわかっています

が、これを地下増温率といいます。1㎞あたりでは30℃になります。

一方、地球中心にある核の推定温度は6000℃以上であるので、地表付近での平均的な地下増温率は、地表から地球中心までの平均的な地下増温率に比べてかなり大きいことになります。
③正しい
④正しい

問2　正解：④
〈考え方のポイント〉
外核よりも内核のほうが、かなり温度が高いので、①と②は間違い。さらに、外核は液体で内核は固体なので、外核は融点よりも温度が高く、内核は融点よりも温度は低い状態です。したがって、正解は④です。

前節では地球の内部構造を見てきましたが、ひとことで「地球の内部」と言っても、固体か液体か、温度は高いのか低いのか、岩石か金属かなど、多彩な性質を秘めていることがわかったことでしょう。これらの性質を理解したうえで、本節では「地球内部ではどのような活動が繰り広げられているのか」という問いに進んでいきたいと思います。

マントルの性質を説明したときに、「固体だけれども、地球史的な視点で見れば、流動的に動いている」と述べました。どうやら、この「内部で動く」性質が、地球の活動そのものにかかわっていそうです。それでは、詳しく見ていきましょう。

†大陸移動説とは何か——中央海嶺の発見

【センター試験問題】

中央海嶺《かいれい》付近の海洋プレート上にある地点Aと地点Bを調べたところ、地点Aの溶岩は地点Bの溶岩より古いこと、および地点Aと地点Bの間の距離は時間とともに変化しないことがわかった。2地点と中央海嶺の位置を模式的に示した平面図として最も適当なものを、次の①~④のうちから一つ選べ。ただし、この付近のプレートは、中央海嶺の両側に同じ速さで広がっているとし、中央海嶺以外での溶岩の噴出はないとする。

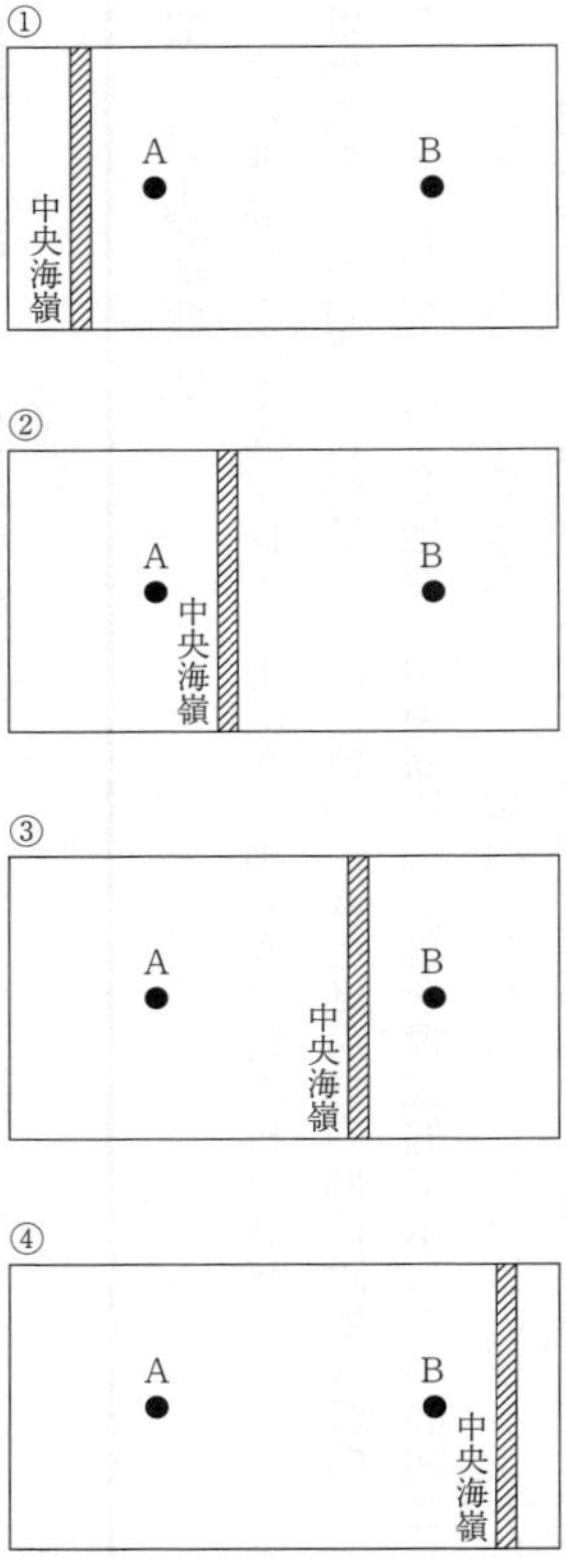

（2016年度地学基礎、本試験、第1問、A、問3）

「大地は動いている」という地球の活動に着目し、世界で最初の仮説を世に問うたのは、ドイツの物理学者・気象学者のアルフレート・ヴェーゲナー（1880―1930年、英語読みではアルフレッド・ウェゲナー。以下、ウェゲナーと表記）です。

ウェゲナーは当初天文学を志して天文台に勤めましたが、その後に決別し兄のクルトが勤めていたリンデンベルグの航空観測所に転職しました。そこで自由気球飛行に夢中になり、当時の滞空記録を打ち立てたりしています。

彼は北極や南極などの極地に対する関心が深く、グリーンランド探検に生涯をかけました。50歳のとき、ウェゲナー自身が隊長になったドイツ隊で、グリーンランド探検に出かけ遭難してしまい帰らぬ人となりました。

ウェゲナーは物理学者としての自分を礎《いしずえ》にして、天文学者としてさらに気象学者としても、地球を見つめながら常に新しい科学を先取りする才能がありました。気球飛行やグリーンランド探検で得たさまざまな体験を基に、それまでの観念にとらわれない大胆な発想ができたのです。

このときの仮説が、有名な「大陸移動説」です。世界地図を見ていると、海を挟んで離れた大陸の海岸線の形がパズルのようにうまく合うことに、ウェゲナーは気づきました。

そして、現在の全世界の大陸は、約3億年前には「パンゲア」(pangea) という1つの巨大な大陸で、それが分裂して世界地図の配置になったというアイデアを得ました。当時としてはとても大胆な仮説を立てたのです。

ウェゲナーはこの仮説を1912年に学会で発表し、1915年には『大陸と海洋の起源』という大著を刊行しました。大洋によって遠く隔てられた大陸同士でも類似した陸生の化石があり、氷河《ひょうが》の分布していた位置や同じ植物の化石が離れた大陸から見つかること

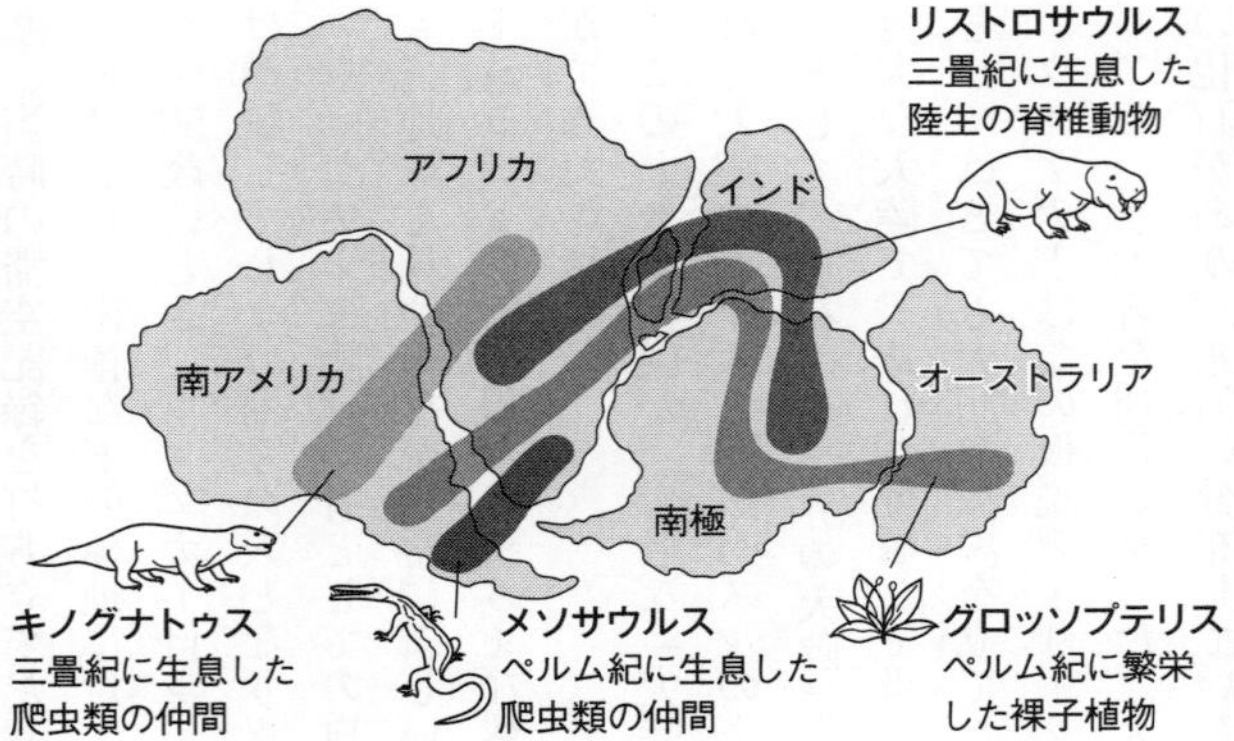

図 2-3：化石分布などを手がかりに復元したパンゲア大陸

から、大陸は移動したと説明しました（図2-3）。

たとえば、地図上の非常に離れた大陸で、氷河の痕跡《こんせき》が共通して残っています。ウェゲナーは南極、南アフリカ、南アメリカ、オーストラリアなどが、石炭紀〜ペルム紀にかけて氷河が分布していた位置から分離していったと判断しました。

大陸移動説は当時の多くの研究者の耳目を集めました。一方、大陸が移動する原動力を説明できなかったため、当時の学会ではまったく受け入れられませんでした。

ところが第二次世界大戦中、ナチスドイツの最新鋭潜水艦Uボートの活躍に悩まされていたアメリカ合衆国海軍が、その活動阻止のため、大西洋の海底の地形図を作成したことから状況が変わりました。

この調査の結果、大西洋の中央部には巨大な山脈が延々と続いていることがわかったのです。これが、世界で初めて発見された「大西洋中央海嶺《ちゅうおうかいれい》」です。深海の底に南北に何万kmも火山が続く海底山脈があったのです。

ここから流れ出た溶岩は、中央海嶺から遠ざかるほど噴出した年代が古くなり、最も古い溶岩は、現在の南北アメリカ大陸とアフリカ大陸にあったのです。それらは中央海嶺付近の溶岩より2億年以上前のものでした。

しかもこの2大陸の溶岩は、ほぼ同じ年代にできたものだったのです。この事実は世界中を驚かせました。つまり、中央海嶺を中心にして海底が2つに分かれていった証拠が見つかったからです。

ここでウェゲナーの大陸移動説が、半世紀の時を経て再び脚光を浴びることになりました。さらに、大陸移動の原動力として「プレート」という概念が新たに提唱されるようになったのです。

†海底は動いている

大西洋で中央海嶺が発見されてから、海底地形の調査が進められ、さまざまな発見が続きました。インド洋にも中央海嶺が見つかり、アフリカ大陸の南端を通って大西洋の中央海嶺へとつながっていることがわかりました。

さらに、世界中の海洋に海底山脈が見つかり、しかも海底山脈から離れれば離れるほど溶岩の年代が古くなることから、大西洋の中央海嶺と同じメカニズムでできたことがわかったのです。

これらの観測結果に基づいて、1960年代にアメリカ地質学者のハリー・ヘス教授（1906―1969年）は「誕生した海底そのものが水平に動いている」という説を唱えました。

ヘス教授は、第二次世界大戦中は米軍輸送艦の艦長として太平洋を往来していました。その際、自身が提案した音響測深機を用いて、海底地形の膨大なデータを収集したのです。その中で、深海に平坦な山頂をもつ海山が並んで分布することを発見していました。これが、海底が動いているアイデアの発端になったのです。

ヘス教授の考えでは、大西洋の中央海嶺を中心に、あたかも反対方向へ動く2台のベルトコンベアのように、毎年数cmのスピードで海底が広がっているというのです（図2-4）。

この説は、海の底が拡大していくことから、「海洋底拡大説」と名付けられました。ここでベルトコンベアのベルトに相当するものが、後に名付けられた「プレート（岩板）」

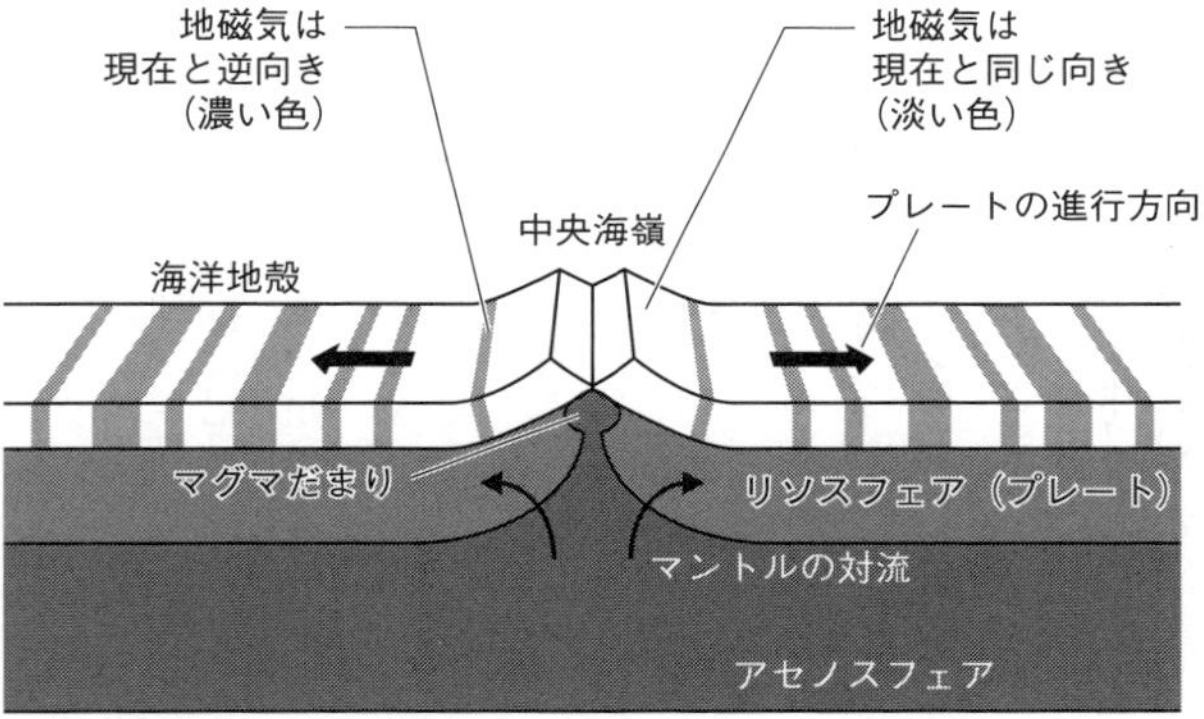

図2-4:中央海嶺で生成するプレート。中央海嶺を中心に、2枚のプレートが反対方向へ動くようにして海底が広がっていく

です。

ちなみに、プレート(plate)は英語で、もともと板や皿という意味ですが、地学では厚さ100kmにもなる巨大な岩でできた板のことを指します。プレートについては後ほど詳しく解説しましょう。

さて、海洋底拡大説の証拠として、海底の地磁気を示す縞《しま》模様が発見されました。地球の外核で巨大な電流が発生することで地磁気が起こることは、すでに説明しました(第1章の49~50頁)。過去の地球の地磁気は、現在と同じではなく、方向も強さも時間とともに絶えず変化しています。

中央海嶺からは、絶えず玄武《げんぶ》岩《がん》のマグマが噴出しています。このマグマが冷えて固まると溶岩になりますが、そのときに地磁気が記録されるのです。

海底火山からマグマが噴出して固まって岩石になるとき、地磁気の方向と平行に、岩石中に含まれる微細な磁石の方向がそろうのです。ここで地球全体の地磁気の方向が変わると、できた岩石に記録された磁気も変わることから縞模様ができました。

大西洋の中央海嶺をはさんで、きれいな地磁気のパターンが、両側に左右対称に続いていることが発見されました。つまり、縞状の帯の太い部分と細い部分の幅が、中央海嶺を中心に、きれいに鏡に映したように配置されていたのです。そして、これが「海洋底拡大説」の有力な証拠になりました。

【問題の解答】

正解：④

〈考え方のポイント〉

中央海嶺はプレートが誕生する場所で、中央海嶺で生まれたプレートは時間の経過とともに離れていきます。

したがって、同じプレート上であれば、中央海嶺より離れている地点のほうが古いので、①、②は間違いです。

さらに、地点Aと地点Bの間の距離は時間とともに変化しないことから、③も間違っています。よって、正解は④です。

地磁気の逆転が、日本の千葉で起こっていた?!

【センター試験問題】

次の図1は地磁気逆転の歴史の模式図を、図2は海嶺軸に直交する方向に沿って測定した海底の磁気異常を示している。この海嶺付近でのプレートの平均的な移動速度は約何cm/年か。その数値として最も適当なものを、次の①〜④のうちから一つ選べ。

① 3
② 4
③ 8
④ 13

(2018年度地学、本試験、第1問、B、問4)

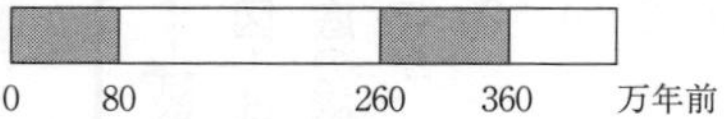

図1　地磁気逆転の歴史の模式図

黒色は現在と同じ向き，白色は現在と逆の向きを示す。

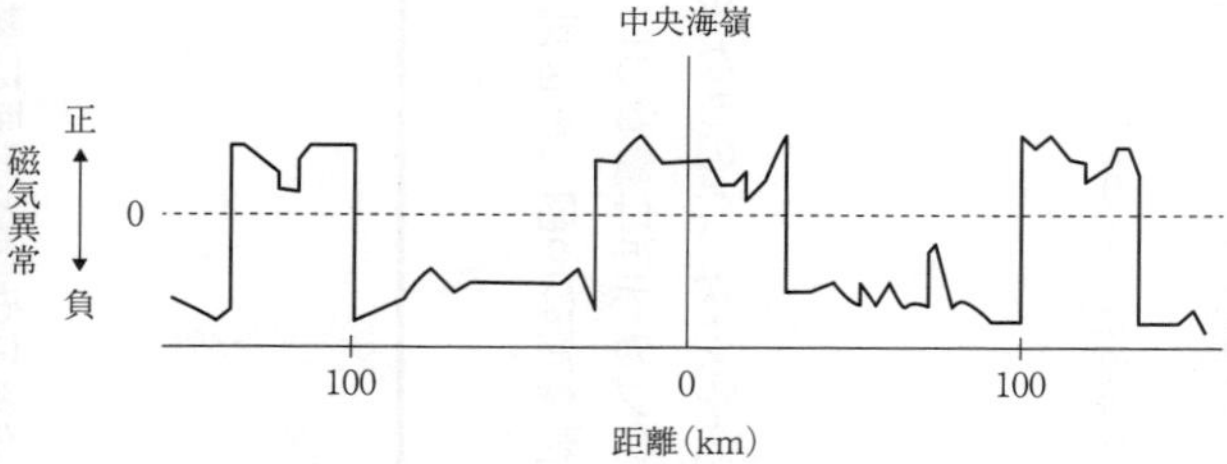

図2　海嶺軸に直交する方向に沿って測定した海底の磁気異常

海底の残留磁気が現在の地磁気と同じ向きのときは正，逆の向きのときは負の磁気異常が生じる。

海底の地磁気の縞模様を解読していくうちに新たな別の発見がありました。海底の縞模様は、それが形成された地磁気の逆転、つまりN極とS極が入れ替わってしまうことも記録していたのです。

それによると、地球の地磁気が180度入れ替わり、南極と北極の磁場が逆転してしまう「地磁気の逆転」という現象が、過去に何回も起きていたことがわかりました。こうした地磁気逆転は、地球上で過去7600万年の間に何と170回も起こっていたのです。

海底に地磁気の縞が発見される以前、世界で初めて地磁気逆転を明らかにしたのは、日本の京都帝国大学理学部（当時）・松山基範《まつやまもとのり》教授（1884―1958年）です。松山教授は、兵庫県にある玄武洞《げんぶどう》の火山岩を調べ、現在の地球の磁場と逆向きの磁場を発見し、1929年に「地球磁場の反転説」を発表しました。

松山教授の説は、ウェゲナーが大陸移動説を発表したときと同様に、当時の学会ではほとんど受け入れられませんでした。やがて、海底の縞模様が発見され、さらに新しい知見や科学技術の発展とともに地磁気逆転が注目され始めました。その後、1960年代以降には広く認められ、地質時代の258万～78万年前は、「松山逆磁極期《ぎゃくじきょくき》」と命名されました。

地球上で最後に地磁気逆転が起こったのは、地質年代でいうと約77万～12万6000年前です。この時代は、新生代の第四紀にあたります。第四紀は約259万年前から始まり現代まで続いていますが、地球全体に氷河が形成される「氷期」と、氷河が溶けて温暖な気候になる「間氷期」が交互に現れてくるのが特徴です。

第四紀のなかで、まだ名付けられていなかった地質年代があり、先ほどの「地球上で最後に地磁気逆転が起こった」時期と重なります。近年、この年代は「チバニアン（千葉時代）」と名付けられることに、ほぼ決定しました。

なお、チバニアンの年代名を提案する根拠となった地層（基準地候補地層）は、千葉県市原《いちはら》市田淵《たぶち》にある地層です。ここでは、地磁気逆転を明確に示す77万年前の地層が見つかっています。

地磁気逆転とは、地球のN極とS極がひっくり返ることです。具体的には、今は方位磁石のN極は北を指していますが、その力がだんだんと弱くなっていき、そのうち磁石は動かなくなってしまいます。そのときは磁場がゼロになっていますが、しばらくすると磁石のN極は南を指すようになります。

ところで忘れてはいけないことは、第1章でも解説しましたが、地球の磁場が地球磁気圏という「生命のバリア」で宇宙線や太陽風から地球を守っているという事実です。磁場がゼロになるということは、生命のバリアもゼロになりますから、地球上の生物が宇宙線に曝《さら》されることになります。

ちなみに地磁気がゼロになる期間は、1000年ほど続くといわれています。ですから、これが生物の大絶滅の原因の一つだったのではないかとも考えられています。

【問題の解答】

正解：②

〈考え方のポイント〉

図1と図2を比べてみると、図1の260万年前と、図2の100㎞が対応しています。したがって、プレートの平均的な移動速度は、

100（km）÷260（万年）＝10,000,000（cm）÷2,600,000（年）＝3.8≒4

となり、正解は②です。

†プレートとはどんなもの？

【センター試験問題】

地殻とマントルについて述べた次の文a・bの正誤の組合せとして最も適当なものを、下の①〜④のうちから一つ選べ。

a リソスフェアは、アセノスフェアよりやわらかく流動しやすい。

b 地殻とマントルの境界（モホロビチッチ不連続面）は、大陸地域よりも海洋地域のほうが深い。

	a	b
①	正	正
②	正	誤
③	誤	正
④	誤	誤

（2018年度地学基礎、本試験、第1問、A、問2）

先ほど、中央海嶺を分かれ目として海底がベルトコンベアのように動いていく海洋底拡大説と、ベルトに相当するものが後に名付けられた「プレート（岩板）」であることを解説しました（図2-4参照）。

ここでプレートを地球の内部構造という観点から見てみると、地殻とマントルの上部が一緒になった、硬《かた》い岩石でできた厚い板（先述のとおり、皿・板を表す英語「plate」）になります。

また、硬い岩板という意味で、「リソスフェア」とも呼ばれています。そしてプレートのすぐ下には、マントルの一部である「アセノスフェア」（流動性のある軟《やわ》らかい層）があります（図2-5）。

地球の表面の約7割は海洋で残りの3割が陸地というのはよく知られていますが、これはいわば外見であって、「動く大地」という観点からは地球の表面はすべてプレートで覆われています。海の底は海洋プレート、陸地は大陸プレートという、いずれも十数枚ほどの岩板でできているのです。

プレートは平均100kmぐらいの厚さで、かなり硬い巨大な岩の板です。一方でプレートは、硬いからといって固定されているのではなく、長い時間をかけて曲がったり移動したりしています。

実際には、年間数cmから10cmというスピードで、地球の表面を何億年という長いあいだ水平に動き続けています。これが、先述のウェゲナーが提唱した大陸移動をもたらした原

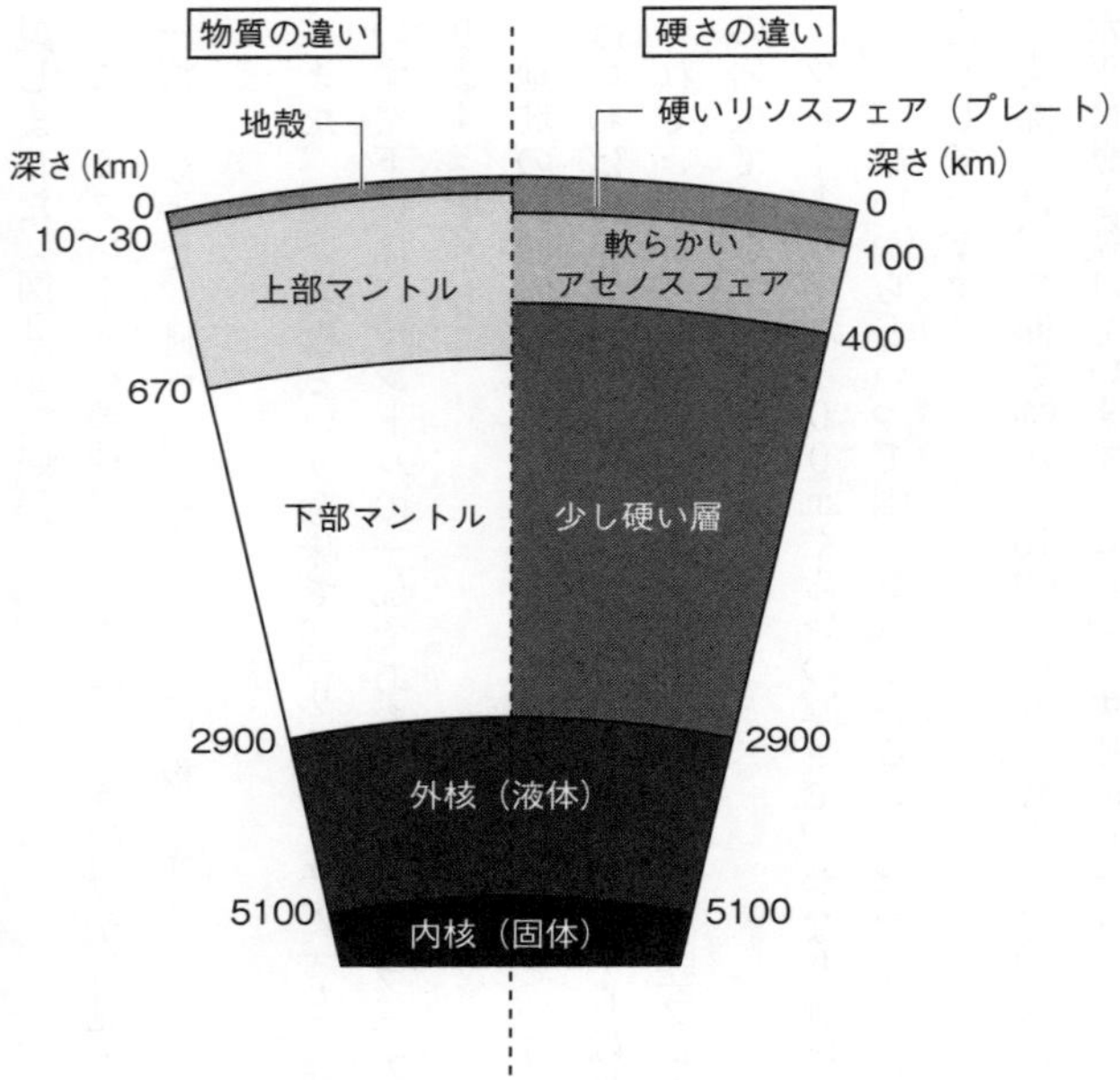

図2-5：物質と硬さの違いから見たマントルの構造

動力だったのです。

プレートの沈み込み現象については、次の問題で詳しく解説しましょう。

【問題の解答】

正解：④

〈考え方のポイント〉

a：リソスフェアは、硬い岩板という意味で、アセノスフェアは流動性があり軟らかいという意味です。したがって、この文は「誤」です。

b：大陸地域は山脈地域があるため、海洋地域よりも地殻が厚く重くなります。そのため、大陸地域のほうがマントルへ深く沈み込んでいます。したがって、この文も「誤」です（これは第1章で説明した「アイソスタシー」を参照してください）。

モホロビチッチ不連続面とは……クロアチアの地震学者モホロビチッチ（1857―1936年）はバルカン半島で起こった地震を調べていた1909年に、地表から約30㎞～50㎞の地下に地震波の伝わり方が急激に速くなる境界面があることを発見しました。これを「モホロビチッチ不連続面」といい、地殻と上部マントルとの境界線であると考えられています。

【センター試験問題】

プレート運動に関する次の文章を読み、下の問い（問1・問2）に答えよ。

地球の表面は何枚かのプレートに覆われており、それらのⓐプレートはそれぞれ異なる向きにゆっくりと動いている。また、ⓑプレートの境界ではひずみがたまるため、多くの地震が発生する。次の図1は、プレートの運動に伴って形成される特徴的な地形や構造を表した模式図である。地点A～Cはプレート上、地点Dは海嶺《かいれい》上、地点Eはトランスフォーム断層上に位置している。

問1　文章中の下線部（a）に関連して、図1中の地点Aと地点B、および地点Bと地点Cの間の水平距離の時間変化を示した次の模式図x～zの組合せとして最も適当なものを、下の①～⑥のうちから一つ選べ。ただし、プレートの運動方向と速さ、地点Aと地点Dの位置は、時間とともに変化することはないものとする。

	地点Aと地点B	地点Bと地点C
①	x	y

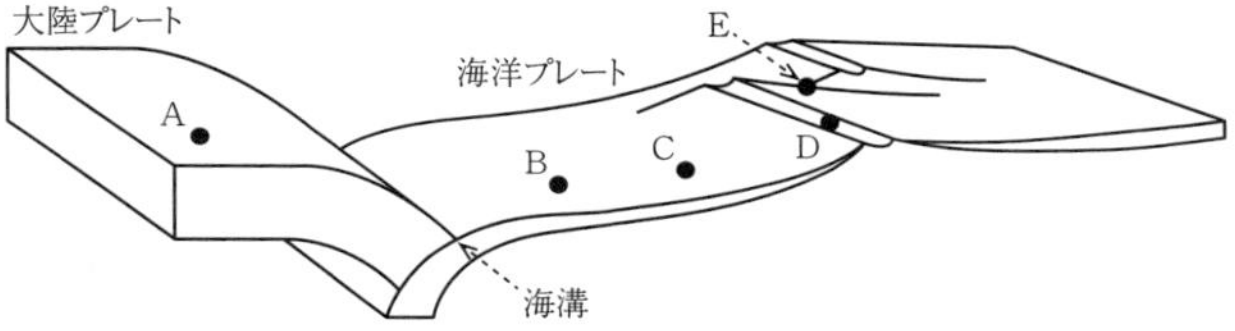

図1　プレートの特徴的な地形や構造を表した模式図

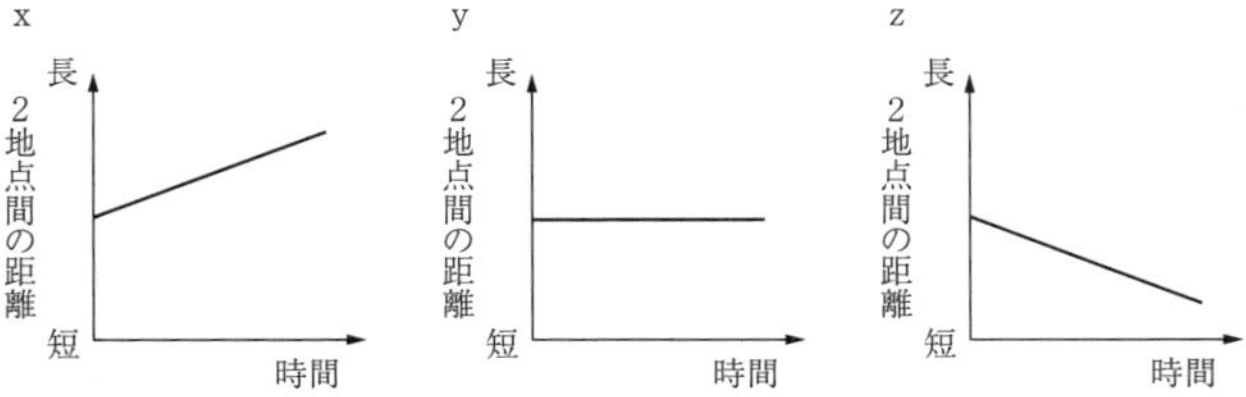

②	x	z
③	y	x
④	y	z
⑤	z	x
⑥	z	y

問2　前ページの文章中の下線部（b）に関連して、前ページの図1中の地点Dと地点Eで地震を引き起こす断層の組合せとして最も適当なものを、次の①～④のうちから一つ選べ。

	地点D	地点E
①	正断層	右横ずれ断層
②	正断層	左横ずれ断層
③	逆断層	右横ずれ断層
④	逆断層	左横ずれ断層

（2017年度地学、本試験、第1問、A、問1、問2）

プレート（岩板）の動きを考察していくことで、地球上で起こるさまざまな自然現象の原因が明らかになりました。地球の表面を覆っているプレートは、少しずつですが絶えず動き続けています。

そのため、プレート同士で衝突したり、すれ違ったり、片方が他方の下にもぐり込んだりしています。それが原因となり、地震が起こったり、火山が噴火したり、山脈ができたりと地球上でさまざまな現象が起こっているのです。

このように「プレートが動く」ことに注目して地球上で起きる多様な現象を説明する考え方を「プレート・テクトニクス」と呼びます。なお、テクトニクスとは「変動学」という意味です。それぞれの特徴が現れる場所をおさらいしてみましょう。

㋐プレートが誕生する：プレートが生産される「中央海嶺」は、ほとんどが海の底にあります。プレートの原料となるマグマが地中深くから次から次へと吹き出し、海底で固まって広がっていきます。

㋑プレートが消滅する：プレートが地中に沈み込んでいく場所で、「海溝」と呼ばれています。海溝はほとんどが深海にあり、プレートが別のプレートの下に沈み込んでいきます。ほとんどは、より重い海洋プレートがより軽い大陸プレートの下へ沈み込みます（プレート同士で比較すると、大陸プレートよりも海洋プレートのほうが重くなります。ただしこれは、プレート同士がぶつかり合う縁の部分の話で、山脈などが載っている大陸プレートの部分はその分だけ重くなっています）。

㋒プレートがすれ違う：プレート同士が横ずれですれ違い、その境界に巨大な「活断層」を作ります。このようなプレートの水平方向のズレによって生じる断層を、「トランスフォーム断層」と呼びます。

このうち㋑の海溝（プレートが沈み込む場所）に注目して、具体的にどんなことが起こっているのかを見ていきたいと思います。

海溝では、海洋プレートが大陸プレートの下に沈み込んでもぐっていきます。大陸プレートの下にはマントルがあります。海洋プレートはマントルよりも硬いので、板の形状のままどんどんもぐり込んでいくのです。

たとえば日本列島が載っている陸のプレートの下には、海のプレートがもぐりこんでいます。陸のプレートは、そのもぐり込む力に対してたわみながら持ちこたえていますが、もぐり込みが続くうちに耐えきれなくなり、弾《はじ》かれてしまいます。このときに発生するのが地震です。これを「海溝型地震」といいます。

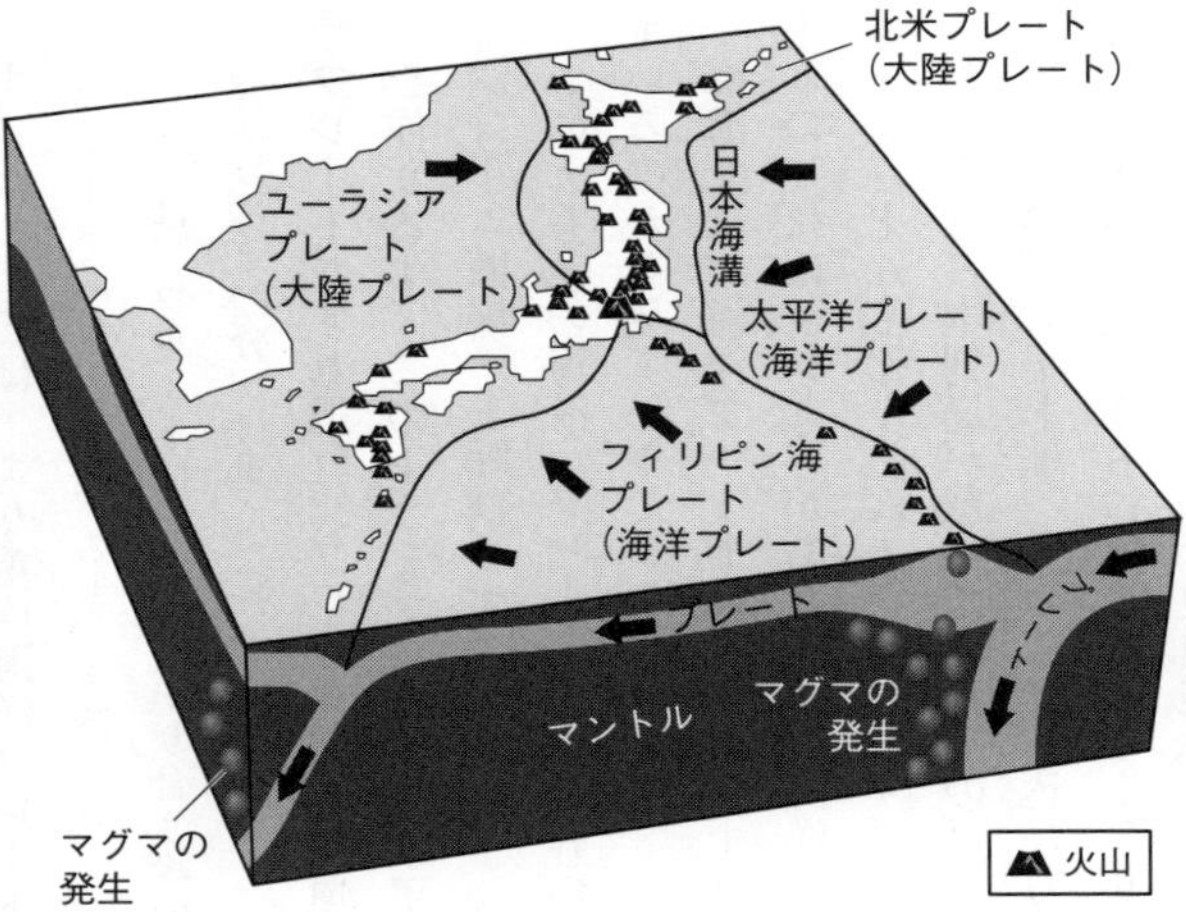

図2-6：４つのプレートに囲まれた日本列島と火山の関係（山崎晴雄・久保純子著『日本列島100万年史』講談社による図を一部改変）

また、海洋プレートは中央海嶺で生まれますが（㋐）、マグマが海水に触れて固まるとき、水を含んだ岩石（含水《がんすい》鉱物といいます）になります。しかも、海溝のある場所（㋑）まで、海底を長い年月をかけて移動してくるため、海中で沈殿《ちんでん》するあらゆる物質がプレートの上に降り積もります。これらの水を含んだ沈殿物も、プレートとともにマントルへもぐり込んでいくのです。

もぐり込んだ海洋プレートは、地下の深いところまで達すると、プレート自身や沈殿物に含まれている水を出し始めます。これを「脱水分解」と呼んでいます。

水はマントルに比べて密度が小さいので、どんどんマントルの中で拡散していきます。マントルは固体ですが高温です。水を含むとマントルは融点が下がり、ゆっくりと溶け始めてマグマができます。そのマグマが地上に達すると、火山が噴火するのです。

このように海溝のある日本列島は、典型的なプレートの「沈み込み帯」なので、地下でマグマが生産され火山が多数生まれた「火山列島」になっているというわけです（図2-6）。

【問題の解答】

問1　正解：⑥

〈考え方のポイント〉

地点Aと地点Bの距離：海洋プレートは大陸プレートの下に沈み込んでいきます。したがって、BA間の距離は、時間経過とともに近づいていきます。よって、正しいグラフはzです。

地点Bと地点Cの距離：BとCは同じ海洋プレートの上に載っているので、距離は変化しません。よって、正しいグラフはyです。

問2　正解：②

〈考え方のポイント〉

地点Dは海嶺上にあり、海溝へ向かって引っ張る力が働いています。そのため、「正断層」型の地震が発生します。

地点Eがあるのはプレートとプレートのすれ違う場所（トランスフォーム断層上）で、横ずれ断層型の地震が起こります。ここで、断層の向こう側のプレートが左にずれているときは「左横ずれ断層」、右にずれているときは「右横ずれ断層」と覚えておくとよいでしょう。

Dの海嶺でプレートが生まれて右に動いているのに対して、向こう側の断層は左にずれることになりますので、この場合は、「左横ずれ断層」です。

沈み込んだプレートの行方――プルーム・テクトニクス

さて、沈み込み帯のさらに深部で、マントル中に入り沈み込んだプレートはどうなってしまうのでしょうか？

すでに解説したように、地球内部を見るには地震波を利用します。世界中で起こった多数の地震を対象に、同時に観測することで得られたデータをコンピュータで解析します。

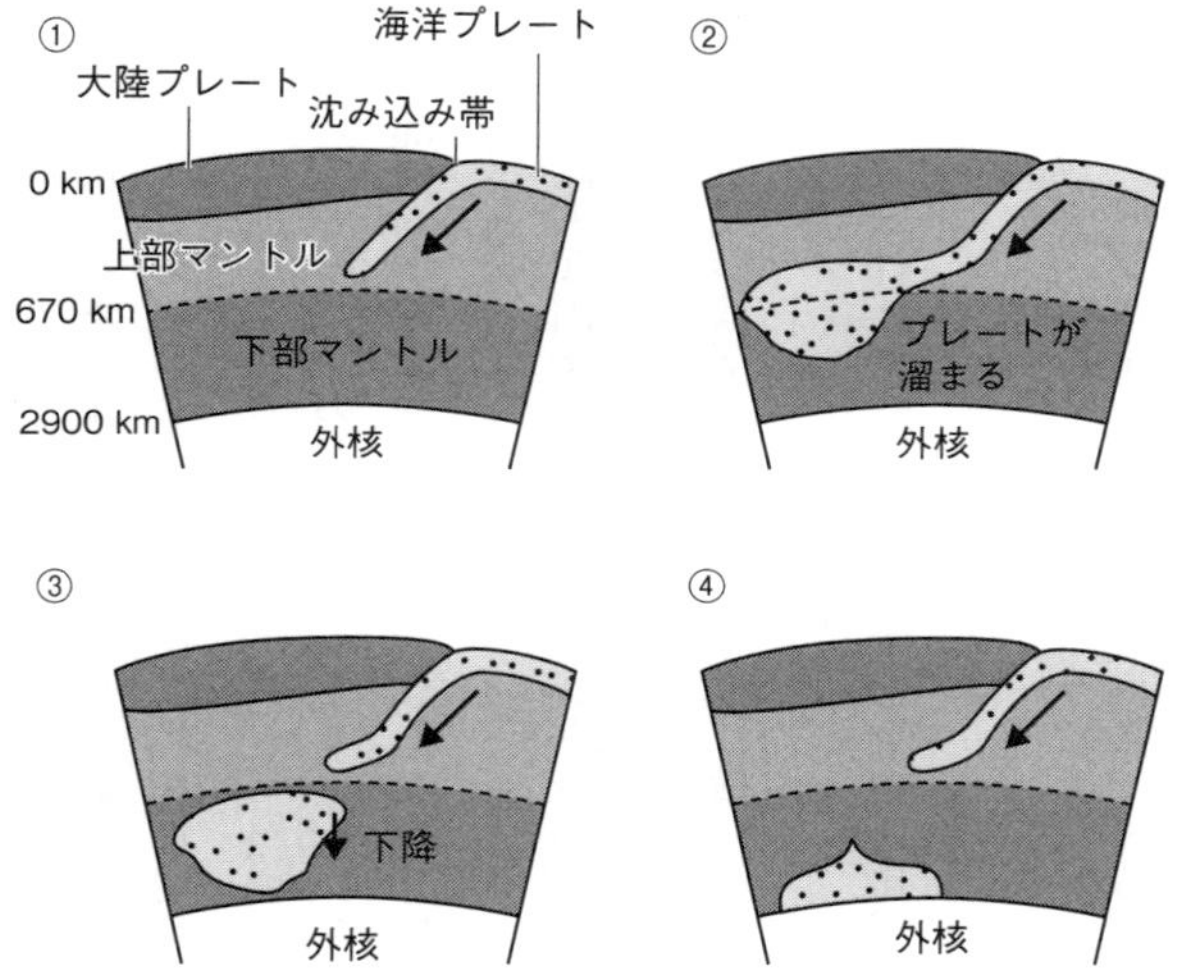

図2-7：プレートの動きと沈み込んだプレートのゆくえ

あたかも医師がCTスキャンで得たデータを基に体内の形を画像にするように、地震波によって地球内部を画像化する技術が開発されました。

その画像診断により、プレートの実像が見えてきました。沈み込み帯で、大陸プレートの下に沈み込んでいった海洋プレートは、上部マントルの中をそのままどんどん入り込んでいきます（図2-7-①）。

それが、地下670kmの上部マントルと下部マントルの境に達すると、そのまま止まってしまい、プレートが上下マントルの境界部分に溜《た》まっていくのです。

実は、上部マントルと下部マント

ルとでは、密度に大きな違いがあります。海洋プレートは上部マントルよりも密度が大きく、下部マントルよりも密度が小さいためそれより下には入っていけないのです。

しかし、プレートはどんどん供給され増え続けるので、プレートの固まりはどんどん大きくなっていきます（図2-7-②）。つまり、ここにプレートの残骸ができるのです。

プレートの残骸の大きさがかなり巨大になったところで（直径数百kmほど）、物質が変化し下部マントルよりも密度が大きくなり、ゆっくりと下部マントルの中を下降し始めます（図2-7-③）。

その巨大な固まりは、下部マントルの下にある地下2900kmの外核の表面に達し、次第にそこに溜まっていくのです。外核はプレートの残骸よりもはるかに密度が大きいので、こうした残骸は下へはいけず今度は横に広がっていきます（図2-7-④）。

図2-7-③のように、下部マントルの中をゆっくり下降するプレートの残骸は「下降流」と呼ばれます。下降流はマントルに比べ、冷たくて重く巨大な固まりなので「コールドプルーム」とも呼ばれています。なお「プルーム」（plume）とは英語で、「もくもくと上がる煙」という意味です。

コールドプルームが外核の表面にたまると、その反作用が起こり、外核の表面から地表へ向かって巨大なプルームが上がり始めます。核は地球内部で最も温度が高く、外核の表

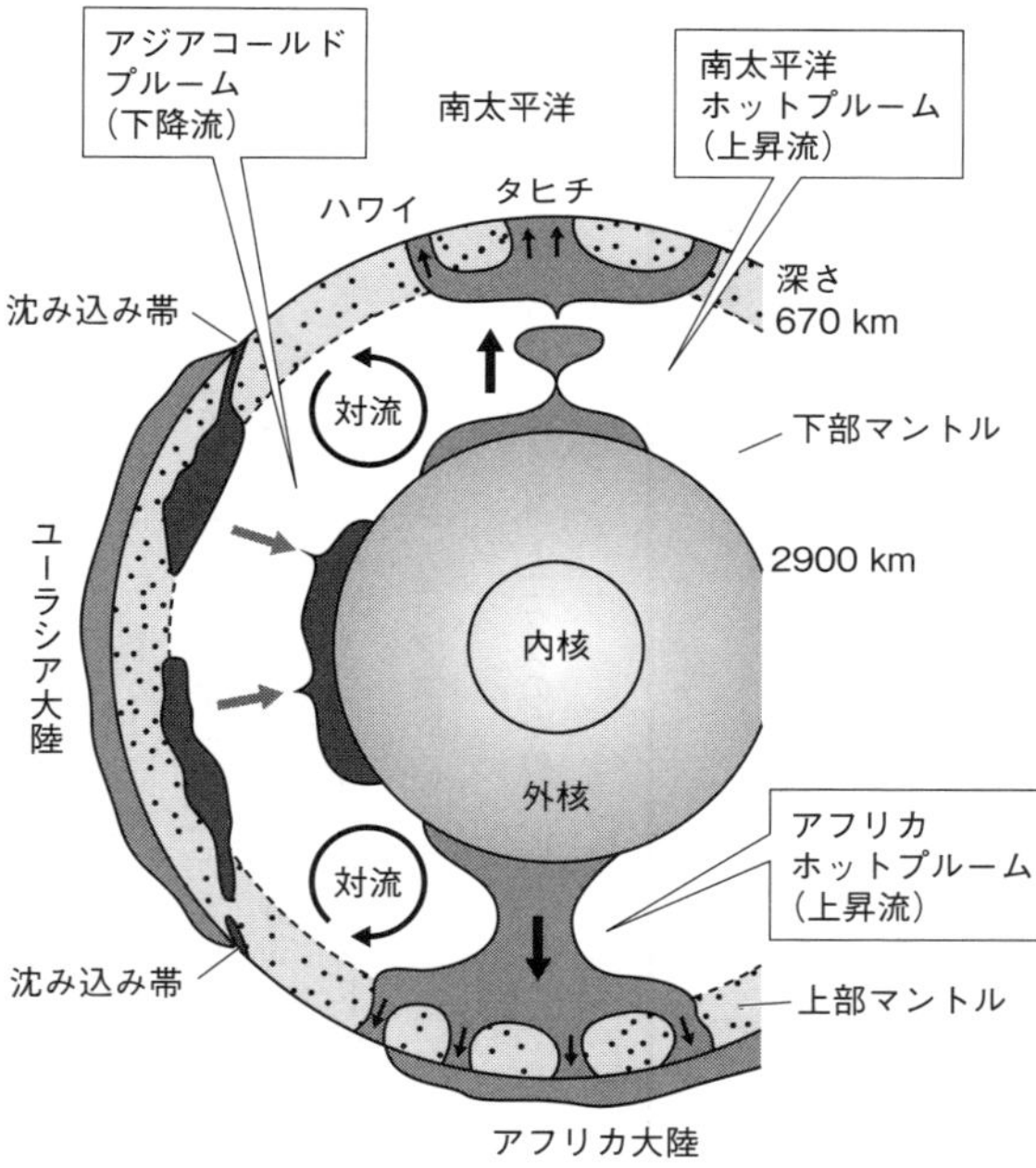

図 2-8：地球内部の物質循環とプルーム・テクトニクスの概念図（丸山茂徳・磯崎行雄著『生命と地球の歴史』による図を一部改変）

面では5000℃近くあります。ここから上昇するプルームは、直径が1000㎞にも及び、核の熱をもらって高温になるため、「ホットプルーム」と呼ばれます（図2-8）。

プルームによって大規模に物質が大循環していることから地表で起こっている現象を説明する考え方を「プルーム・テクトニクス」といいます。

プレート・テクトニクスがプレートの水平方向の動きに着目して地表の現象を解明するのに対し、地球の垂直方向の動きに着目してマントル内部の現象まで把握できるようになったのが、プルーム・テクトニクスといえます。

†地震が起こるのもプレート・テクトニクスのため

【センター試験問題】

地震の震度やマグニチュードについて述べた文として最も適当なものを、次の①～④のうちから一つ選べ。

①ある地点の地震による揺れ（地震動）の強さは、震度階級で表される。

②震度階級が一つ大きくなると、地震のエネルギーは約32倍になる。

③震源からの距離が遠くなるにつれて、マグニチュードは小さくなる。
④マグニチュードが大きいほど初期微動継続時間は長い。
（2016年度地学基礎、本試験、第1問、A、問1）

日本は世界でも有数の地震国です。日本列島は世界の陸地面積の400分の1（0・25％）しかありませんが、世界で発生する地震の約10％は日本で発生しています。

その理由は、日本を取り巻くプレートの状況にあります。日本列島は4つのプレートの相互作用でできあがりました。ユーラシアプレート、北米プレートという2つの大陸プレートと、太平洋プレート、フィリピン海プレートという2つの海洋プレートです（図2-6）。

海洋プレートは大陸プレートの下へもぐり込んでいます。すでに述べたように、2つの海洋プレートが斜め方向から、日本列島の地下へと沈み込んでいること自体が地震の原因になっています。

プレート運動と地震の起こる仕組みについて、もう一度復習しましょう。軽い大陸プレートの下に、重い海洋プレートが沈み込むときに、大陸プレートの端が絶えず引っ張られて下方へ大きくたわんでいます。

海洋プレートはわずかずつですが休みなく沈み続けるので、年月を経るほどにたわみは

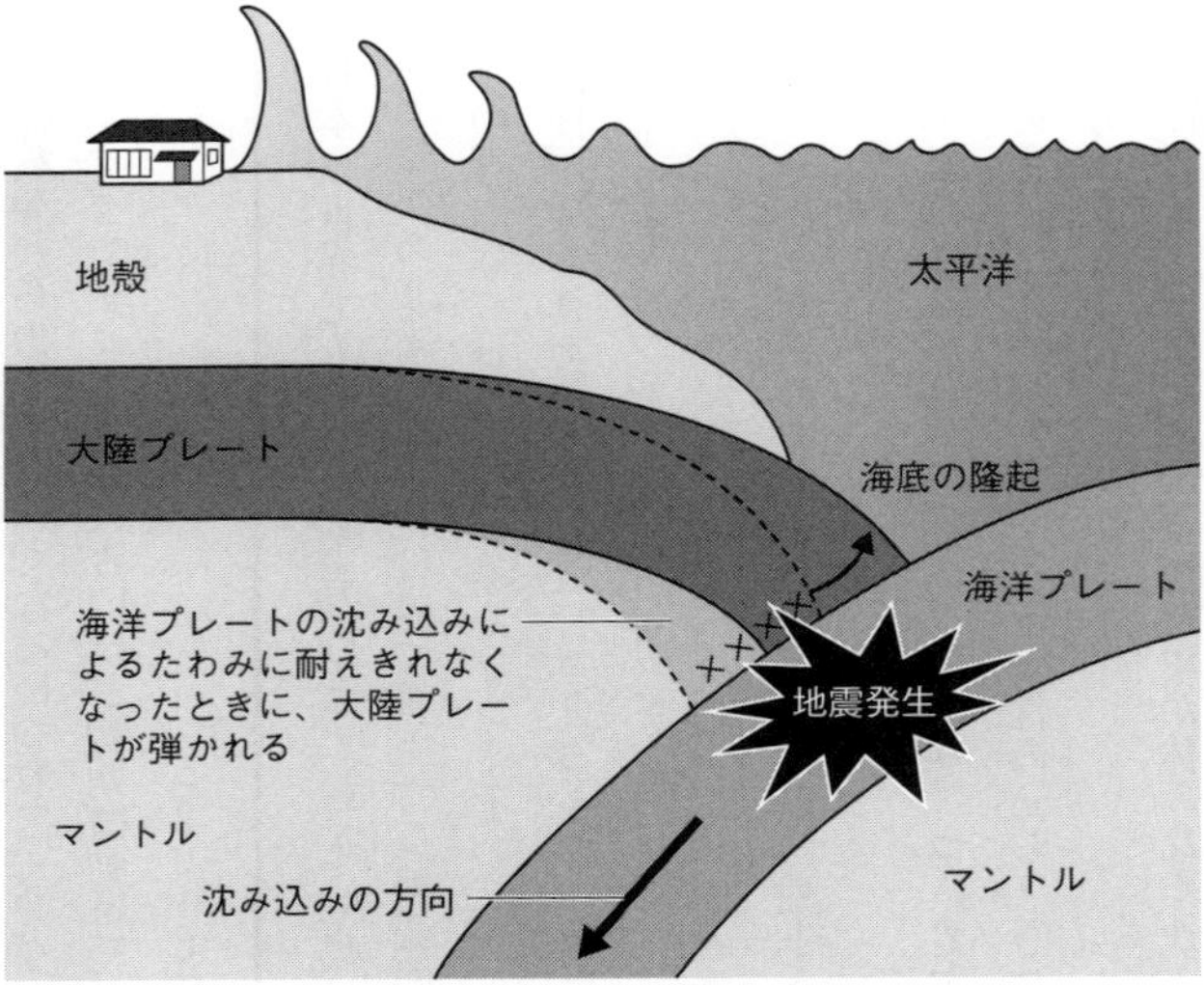

図 2-9：プレートの沈み込みによって地震と津波が発生する仕組み

どんどん大きくなっていきます。やがて、このたわみに耐えきれなくなったとき、大陸プレートは大きく弾かれて地震を起こします（図2-9）。東日本大震災はこの仕組みで引き起こされました。

「3・11」と日付を取って呼ばれる東日本大震災は、東日本が載っている北米プレート上の地盤を大きく変えてしまいました。地震により先述の「たわみ」が弾かれた結果、日本列島は5・3mも太平洋側に移動してしまいました。さらに、沿岸では最大1・2mも地盤が沈降してしまったのです。

日本列島の太平洋側の海底には、

千島《ちしま》海溝、日本海溝、南海トラフ、琉球《りゅうきゅう》海溝と続く大きな溝状の谷があります。これは、海洋プレートが無理やり沈み込むことによりできた巨大なくぼ地です。このくぼ地に沿って、「震源域」いわば「地震の巣」があるのです（図2-10）。

震源域とは、地震が起こる原因となった地下の場所です。地震は1地点で起こるのではなく、ある広がりを持った場所で発生します。

地震は、プレートの沈み込み部分でたわみが弾かれる場合のほかにも、地下の岩盤が広範囲にわたり割れることによっても発生します。プレートとプレートの境では、通常は岩石が固着した状態です。この部分がすべりながら大きく破壊されて「断層」ができることで地震が発生します。

このとき、断層の割れた岩盤の面積が大きければ大きいほど、発生する地震の規模が大きくなるのです。

地震の原因になる断層は、地下で岩石が割れてできた「ずれ」です。一度断層ができると、その割れ目（断層面）に沿って両側の岩石がずれやすくなっているので、再び地震が起こります。最初に岩石が割れて地震を起こした場所を「震源」といい、断層のほぼ中心にあります。

断層には、「正断層」と「逆断層」があります。正断層は、左右に引っ張られてずれた

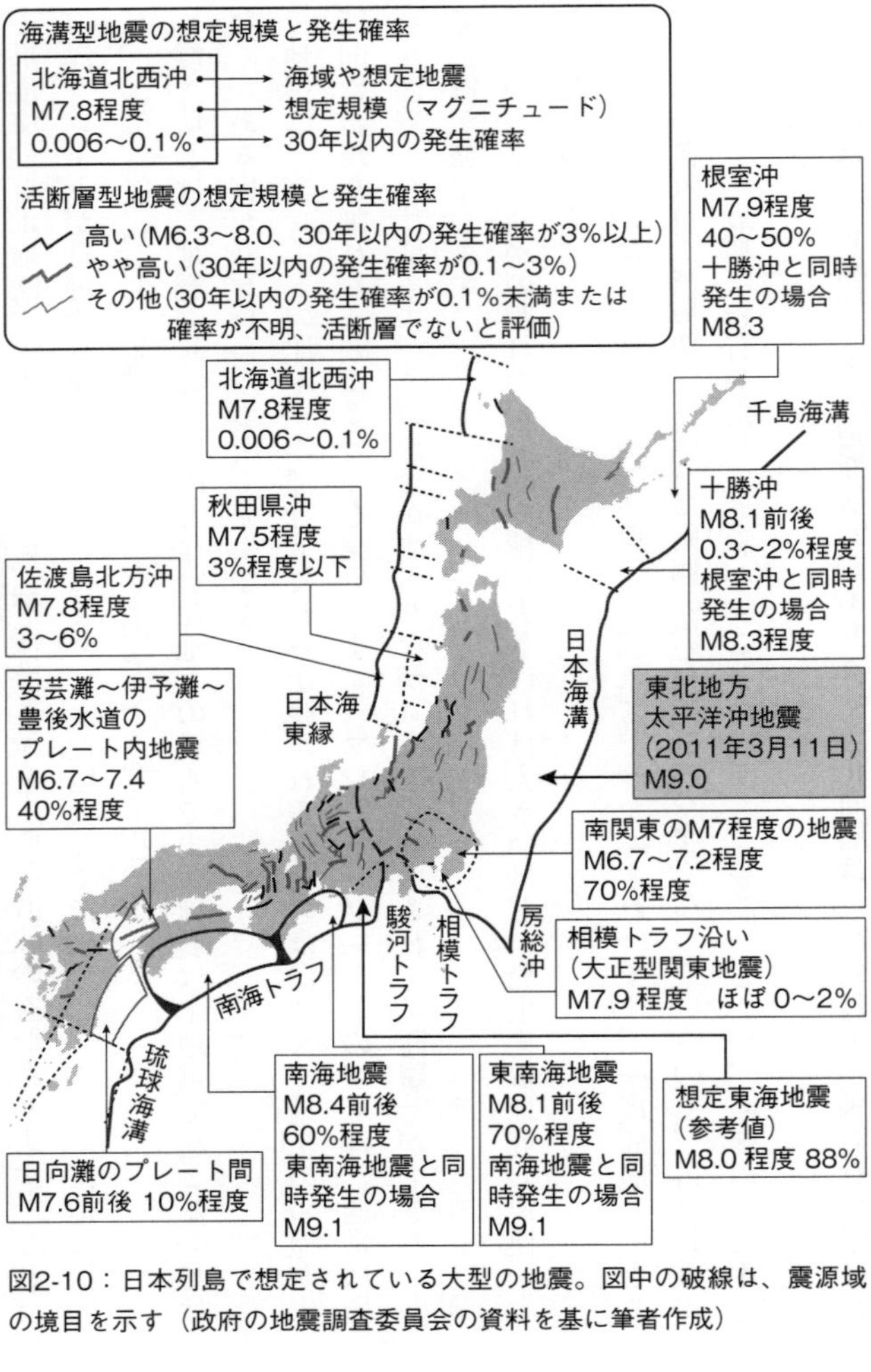

図2-10：日本列島で想定されている大型の地震。図中の破線は、震源域の境目を示す（政府の地震調査委員会の資料を基に筆者作成）

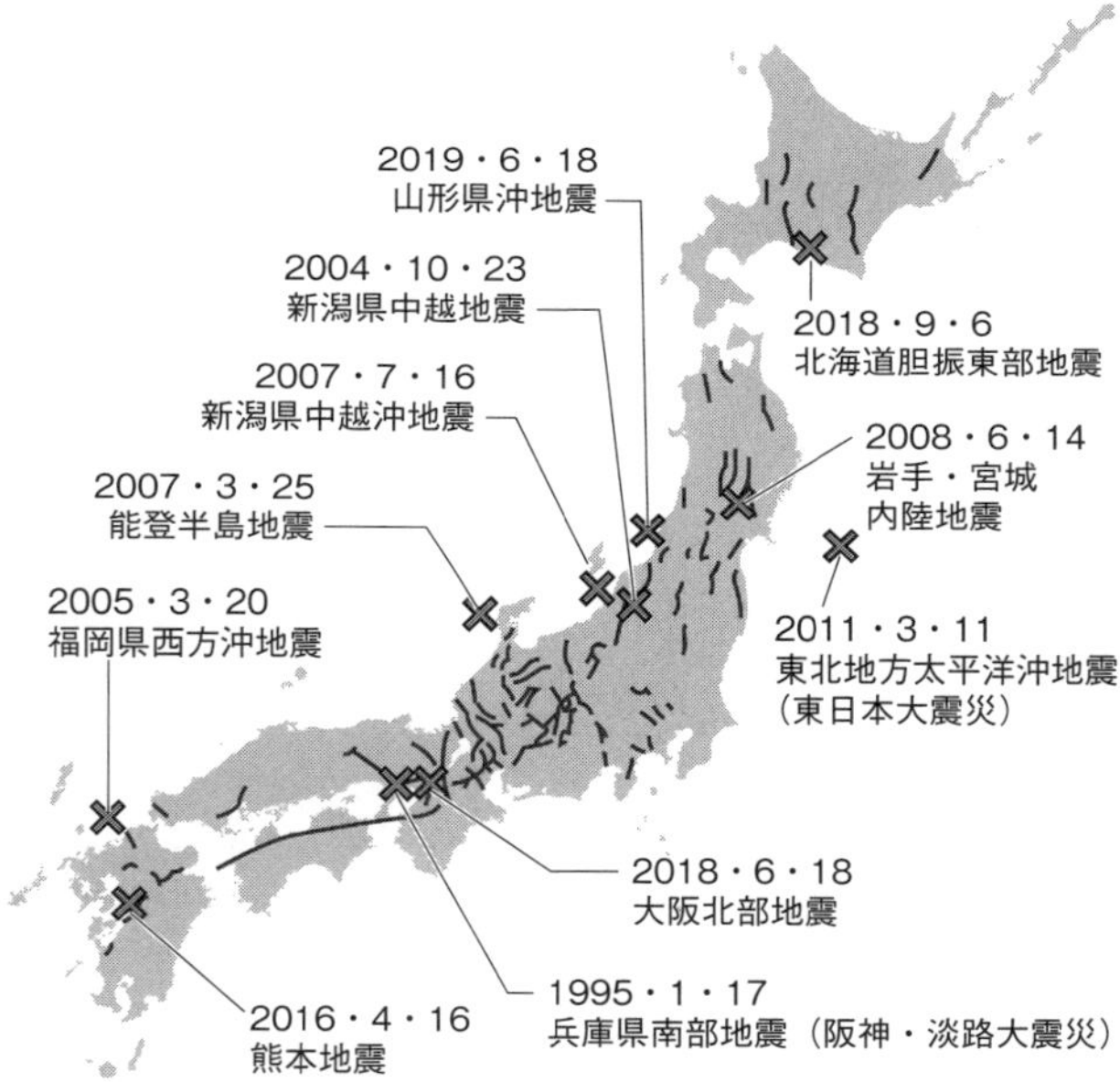

図 2-11：日本列島の主な活断層と近年被害の大きかった地震。シワのように見える実線が活断層

ものでゝ地面が陥没《かんぼつ》します。逆断層は、左右から押しつけられてずれたもので、地面がせり上がります。

断層の中には、1000年から数万年の周期で何度も繰り返し地震を起こし、将来も地震を起こしそうな断層があります。これを生きている断層ということで、「活断層」と呼んでいます。1995年に「阪神・淡路大震災」を引き起こしたのは、淡路島にある「野島《のじま》断層」という活断層です。
活断層の発生する間隔は、人間のスケールから考えるととても長いのですが、日本列島にはいたるところに2000本を超える数の活断層があります（図2-11）。そのため活断層による直下型の大地震は周期的に何度も起こり、あたかも活断層が頻繁に動いているような印象を与えているのではないでしょうか（187頁から詳しく述べます）。

【問題の解答】
正解：①
〈考え方のポイント〉
①正しい：日本では、地震によるゆれの強さは気象庁で決められた「震度階級」で定められています。震度は、0〜4、5弱、5強、6弱、6強、7の10階級に区分されています。ちなみに近年日本で起こった大きな地震の最大震度は、東北地方太平洋沖地震（東日本大震災、2011年）震度7、熊本地震（2016年）震度7、大阪北部地震（2018年）震度6弱、北海道胆振《いぶり》東部地震（2018年）震度7となっています。
②誤り：震度階級とエネルギーは関係ありません。地震のエネルギーは「マグニチュード」で表されます。マグニチュードは1大きくなると、エネルギーは約32倍になります。

③誤り：震源からの距離で変わるのは、震度階級です。マグニチュードは震源からの距離には関係しません。

④誤り：初期微動継続時間は震源からの距離に比例します。マグニチュードとは関係ありません。

†火山はどうしてできるのか

【センター試験問題】

問6　次の文章中の（　ア　）・（　イ　）に入れる語の組合せとして最も適当なものを、下の①～④のうちから一つ選べ。

火山噴火ではマグマに溶け込んでいる揮《き》発性《はっせい》成分が発泡し、火山ガスが発生する。火山ガスの主要な成分は（　ア　）である。粘性《ねんせい》が高いマグマ中で揮発性成分が急激に発泡すると、爆発的な噴火となることが多い。このような粘性が高いマグマは、一般的に二酸化ケイ素（SiO_2）の含有量が（　イ　）。

ア	イ
①二酸化硫黄	多い
②二酸化硫黄	少ない
③水蒸気	多い
④水蒸気	少ない

問7　火山について述べた文として最も適当なものを、次の①～④のうちから一つ選べ。

①富士山のような成層火山は、粘性の高い溶岩が盛り上がってできた。
②火山のハザードマップには、噴火に関連した災害の予想される地域が示されている。
③鉄資源である縞《しま》状鉄鉱層は、先カンブリア時代の火山活動でできた。
④火砕流《かさいりゅう》は、噴火によってとけた雪が火砕物《かさいぶつ》（火山砕屑物《さいせつぶつ》）と混ざって流れ下る現象である。

（2016年度地学基礎、本試験、第1問、C、問6、問7）

地球上には1550個ほどの「活火山」がありますが、日本列島にはその1割近い111個もの活火山が集中しています。日本列島は、いわば火山の密集地帯です。

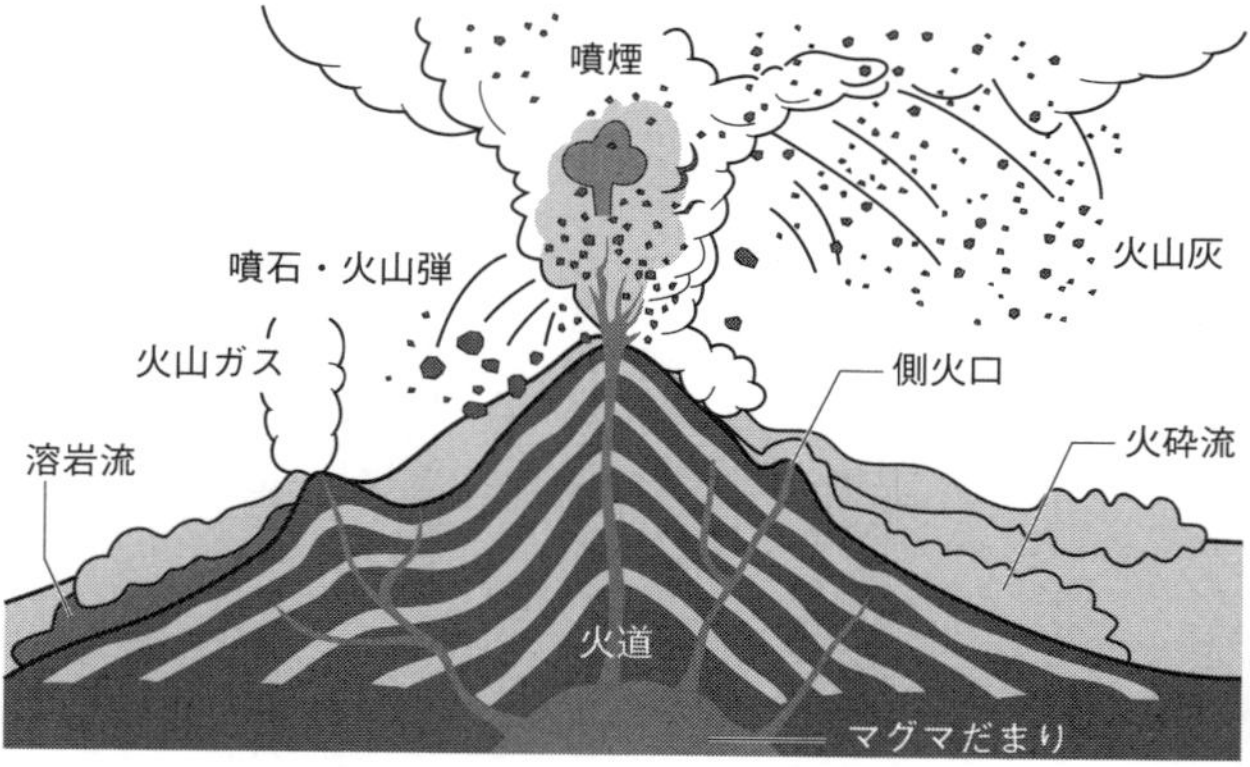

図2-12：火山の断面図と、噴火によって出る多様な噴出物

火山は、マグマが噴出することによって作られます。マグマは、地中にある高温のマントル（岩石）が溶けて液体状になったもので、通例８００～１３００℃もの高温状態です。

地中では高圧がかかっているため、通常ではマントルが溶けることはありません。マントルが地中深くから、地表に近づくと圧力が下がり、融点が下がることでマントルが溶けてマグマになります。

マグマは火山の地下、地表から数kmのところにある「マグマだまり」にたまっています（図2-12）。マグマだまりの大きさは、ほとんどが直径数kmほどです。

マグマだまりのマグマが上昇すると、「火《か》道《どう》」というマグマの通り道から火口へ達し噴火します。噴火したマグマが固まると「溶岩」になります。
火山のできる場所は、プレートの動きによって決まり、以下の特定の3つの場所にできます。

プレートが誕生する場所：太平洋やインド洋の中央海嶺

中央海嶺はプレートの作られる場所です。地下から上がってきたマグマは、海水で冷えて溶岩になり、厚い岩の板・プレートを形成します。中央海嶺は地球最大の火山で、地球全体から放出される熱の7割以上を放出しています。

プレートが沈み込む場所：日本やインドネシアの火山など

本章ですでに説明したように、プレートが沈み込む場所では、必ずマグマが生成されるので、火山が作られます。

ホットスポット（プレートの中央部）：ハワイ諸島など

ホットスポット（熱点）は、プレートの動きとは関係なく、プレートの真ん中にできます。地中深くにあるマグマが、プレートを突き破って上昇し火山活動を行います。熱いマグマが、地表に転々と上ってきたように見えるので、ホットスポットと呼ばれています。

では、噴火のとき、どんなきっかけでマグマは地表へ移動してくるのでしょうか？　火山の噴火メカニズムは、次の3つが考えられています。

マグマが絞り出される：マグマだまりの周辺にある岩石から圧力が加わり、液体のマグマは、ちょうど容器内のマヨネーズが絞り出されるように上昇します。

新しいマグマに押し出される：マグマだまりの地下から新しいマグマが供給され、たとえて言えばところてん状に押し出されてマグマが上昇します。

マグマが泡立ち軽くなる：マグマには、水蒸気や二酸化炭素などの気体が溶けています。このうち9割以上を占める水が泡だち水蒸気になると、炭酸水の缶を振ると中身が吹き出してくるようにマグマが上昇します。

そして、マグマが冷えて固まる（固化するといいます）と火成岩になります。火成岩には、地表や地下の浅い場所で急速に冷えてできる火山岩と、地下の深いところなどでゆっくりと冷えてできた深成岩があります。また、その中間で固まった半深成岩もあります。

【問題の解答】

問6　正解：③

〈考え方のポイント〉

ア：火山ガスの主な成分は「水蒸気」です。二酸化硫黄や二酸化炭素も含まれますが、水蒸気に比べれば少ない割合です。
イ：マグマの粘性は、「二酸化ケイ素」の含有量（多く含まれるほど粘性が高くなります）や温度（低いほど粘性が高くなります）によって決まります。

問7　正解：②

〈考え方のポイント〉

①誤り：成層火山は、爆発的な噴火と溶岩の流出が交互に起こってできます。粘性の高い溶岩が盛り上がってできるのは「溶岩ドーム」です。
②正しい：火山のハザードマップには、噴火に関連した災害の予想される地域が示されています。
③誤り：縞状鉄鉱層は、先カンブリア時代に大繁栄した、光合成をして酸素を放出する最初の生物シアノバクテリア（藍色細菌《らんしょくさいきん》）の活動によって作られました。
④誤り：火砕流は、高温の火山ガスや火山砕屑物が混ざって、斜面を高速で流れ下る現象です。

第 3 章

地球の歴史を繙《ひもと》く

グランド・キャニオンは米国コロラド川によって削り出された巨大な浸食地形で、先カンブリア時代からペルム紀までの地層が見事に露出する。グランド・キャニオン国立公園内にあり1979年に世界遺産にも登録された（鎌田浩毅撮影）

1　地球の「変化」「成長」の手がかりとは

†時代の情報と環境の情報

前章では、「地球は生きている」という点に注目し、その活動の様相を詳しく見てきました。見方を変えると、地球は常に変化し、成長してきたといえるでしょう。地球の年齢は、誕生してから46億歳です。その非常に長い年月を、どのように「生きて」（変化し、成長して）きたのでしょうか。

地球が46億年前に誕生してから、環境の変化によって大きく4つの時期にその来歴を区分けすることができます。

最初は地球が高温でドロドロに溶けていた火の玉地球の時代である「冥王代《めいおうだい》」（46億〜40億年前）、その後地球が固まってきた「太古代」（40億〜25億年前）、地球上に酸素が増えてきた「原生代」（25億〜5億4000万年前）、そして地球上に生物が増え大繁殖をした「顕生代《けんせいだい》」（5億4000万年前〜現在）です。

最初の冥王代は、地球の表面がドロドロに溶けていたためこの時期の岩石は残っていません。人類が歴史の証拠として入手できるのは、太古代の40億年前の岩石が最古のものです。

これ以降の時代では、それぞれの時期の岩石が残されているので、地上や地下に残された物質をさぐることで、地球の歴史を具体的に知る手がかりとすることができます。

地質から情報を得るという意味合いで、太古代以降、現在までの時代を「地質時代」と呼ぶこともあります。変化の方向性としては、より単純な物質が、次第に複雑な物質へと変わってきたといえるでしょう。最も多くの証拠が残っているのは、4番目の顕生代からです。

地質学者たちは、残された岩石や地層を詳しく観察し分析することで、地球のたどってきた歴史、成り立ちに関する情報を得てきました。たとえば、地層に含まれる生物の化石を調べることで、地層の順番や年代を判断できます。

物質も生物も、「単純なものから複雑なものへ」という変化の方向性を、地球の歴史の流れの中に見出すことができます。

岩石や地層に記録されている情報には、大きく分けて2種類あります。

時代の情報：「いつ」それができたのか

環境の情報：それは「いかなる環境」で起きたのか

それぞれの現象に時間軸を入れていくのが前者です。また、熱かったり冷たかったり、水が多かったり少なかったりなど、地球の環境は目まぐるしく変化してきました。その時代がどんな環境だったのかは、地球の歴史を見る上で大変重要な手がかりになります。

では、地層や化石からどのような情報が得られるのかを具体的に見ていくことにしましょう。

†地層を「読む」ための基本ルール

【センター試験問題】

次の図1は、ある崖《がけ》で観察される地層の断面を模式的に示したものである。この場所での地層や地質構造の形成過程について述べた文として最も適当なものを、次の①〜④のうちから一つ選べ。なお、この地域では地層の逆転はなく、断層には水平方向のずれ（横ずれ）はない。

①褶曲《しゅうきょく》が形成された時期は、地層dが堆積《たいせき》した時期よりも新しい。

②断層が最後に活動した時期は、火成岩eが貫入《かんにゅう》した時期よりも新しい。

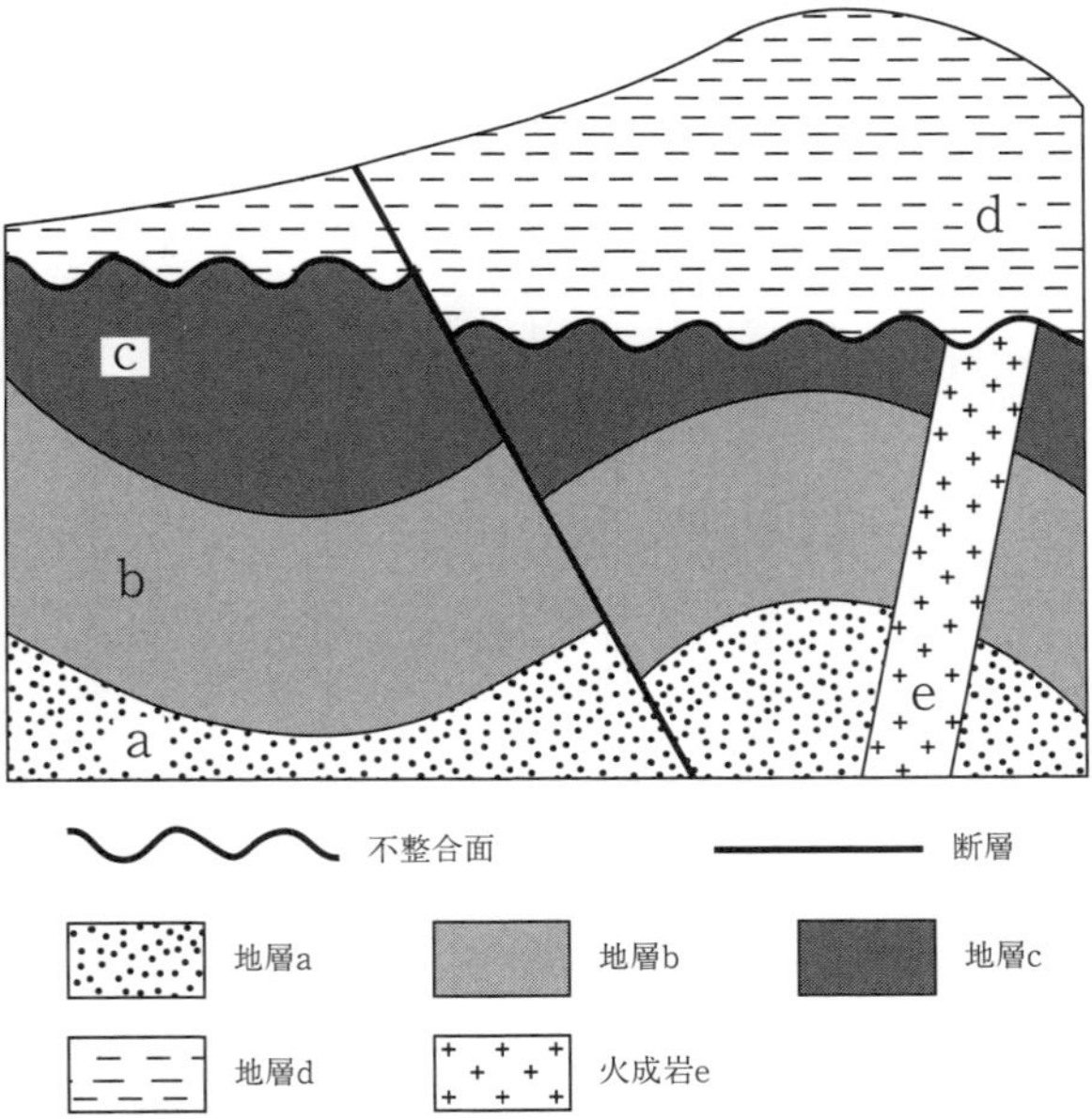

図１　ある崖で観察される地層の模式的な断面図

③地層aが堆積した時期は、地層bが堆積した時期よりも新しい。

④断層は逆断層であり、水平方向に圧縮の力が加わったことで形成された。

（2016年度地学基礎、本試験、第1問、B、問4）

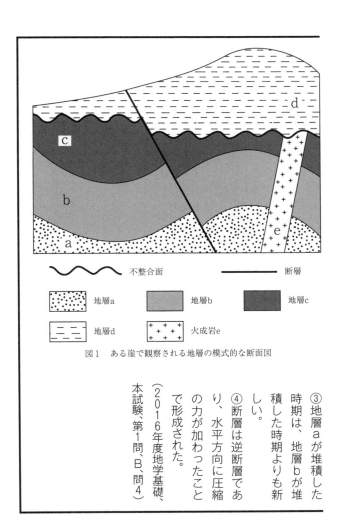

素直に考えれば、地層は年代とともに積み上がっていきます。下の地層ほど古くて上の地層ほど新しい「地層累重《るいじゅう》の法則」は、地質学上の重要な法則です。

ところが、実際の岩石や地層を観察すると、その法則が当てはまらないことも見つけられます。たとえば、山口県の秋吉台《あきよしだい》では、地層が折れ曲がり、うねっている現象「褶《しゅう》曲《きょく》」が起こっています。

大きくうねった結果、最初は水平に積もったはずの地層が、傾いて垂直に立ち上がっています。さらに、傾きが大きくなって地層全体がひっくり返ったりしている場所も観察できます。その結果、見かけ上の下にある地層ほど新しく、見かけ上の上にある地層ほど古い、という先述の法則とは反対のことが起きているのです。

このような現象が起こるのは、地層が堆積《たいせき》したあとに何らかの「地殻変動《ちかくへんどう》」が起きたことによります。地殻変動とは、地殻の形が変わってしまうような変化のことをいいます。原因はさまざまで、地震による場合や火山活動による場合などが代表的なものです。

日本列島は、4つのプレートが集中している非常に特殊な環境にあります。これらのプレートは絶えず動いていて、日本列島の地下へはプレートの移動に伴う力が絶えず加わり続けています。

このように、日本列島は世界有数の地殻変動の起こりやすい場所になっているのです。

そのため、地殻変動による「地層の逆転」は、日本列島のいたるところで見られます。同様に、ヒマラヤやアルプスなど、過去に「造山運動」があった地域でも、地層が激しく褶曲し反転している場所があります。そもそも造山運動とは、プレートの運動によって巨大な山脈ができることです。

具体的に述べると、ヒマラヤ山脈は、インド亜大陸が載ったプレートがユーラシア大陸とぶつかり、ユーラシア大陸の下へもぐり込むことでできました。インド亜大陸が載ったプレートは、大陸プレートなのでマントルよりも軽く、マントルの中へ深くもぐり込むことができませんでした。

そのため、ユーラシア大陸の下へもぐり込み、ユーラシア大陸を押し上げ続けました。こうして約4000万年押し上げ続けてできたのが、巨大なヒマラヤ山脈なのです。

同じようにヨーロッパでは、北上するアフリカ大陸がユーラシア大陸の下へもぐり込み、ユーラシア大陸を押し上げ続けたため、スイス、イタリア、フランスにまたがる巨大なヨーロッパアルプスができあがりました。

このようなところでは、地層が堆積したときに時間を戻してみてから、地層の上下を考えなければいけません。つまり、「時代の情報」を読むためには、「地殻変動」が起こる前まで遡《さかのぼ》らなければいけないケースもあるということなのです。

もう1つ、「環境の情報」を読むためにも気をつけなくてはならない点があります。目に見える地層の「厚み」と、堆積した「時間」は必ずしもイコールではない、という点です。堆積した物質や環境によって、形成にかかった時間は大きく異なってくるのです。

たとえば、落ち葉や動物の死骸《しがい》など有機質が積もった地層は、わずか十数cmの厚さでも、何百年もかけて形成されています。一方、火山の噴火に伴う火砕流堆積物《かさいりゅうたいせきぶつ》の場合には、100mもの厚さの地層がわずか数時間で作られます（図2-12を参照）。

さらに、地層のできた環境を考えると、太平洋の海底など深さ数千mの場所では、1cmの泥《どろ》が堆積するのに1万年もかかります。

このように、その地層が「いつ」「どのような環境で」形成されたかを知ることは、それほど簡単ではありません。地質学では、ここで紹介した「例外」も想定したうえで、地層と地層との関係を推理し、間接的に時代の情報、環境の情報を読みとっていくのです。

【問題の解答】

正解：②

〈考え方のポイント〉

①誤り：地層cと地層dの境界面は褶曲していません。地層dも褶曲していないので、

この文章は間違いです。
②正しい：火成岩eは地層dには貫入していませんが、不整合面で切られていることから、地層dより古いことがわかります。断層は、地層dもずらしているので、火成岩eよりも新しいことがわかり、この文章は正しいことになります。
③誤り：この地域では地層の逆転はないので、下位の地層aのほうが古い地層です。
④誤り：断面を見ると、断層をはさんで、上盤は崖の右側です。上盤が落ちているので、この断層は正断層で、水平方向へ引き延ばす力が加わったことがわかります。

2 地質学とは何か

†地層を「つないで」推測する

前節では、地球の歴史を知るための、地層の読み解き方の基本を見てきました。地質時代（太古代〜現代）には、地層が積もった順番（層序《そうじょ》と呼ぶ）や岩石を直接測定して、年代や生物の移り変わりを明らかにしていくことができます。

とはいえ、岩石の残っている40億年前から堆積したすべての地層が、1カ所に積み重なっているような場所はめったにありません。そこで、離れた場所の地層どうしをつなげて考えることで、長い時代の歴史を推測することになります。

地層の色、含まれる岩石、粒子のサイズなどの特徴を見つけ出し、あるいは、地層の中にある細かい筋や縞《しま》模様の様子も観察して、地層どうしを1つずつ比較していきます。離れている地層と地層をつなげるためには、このような情報をつなげて考えていくのです。

ある現象が広い範囲で起こり、それが地層に記録されている場合などは、離れた場所であっても特徴が一致しやすく、同じ時代にできたことが容易にわかる場合があります。こうした特徴的な地層を「鍵層《かぎそう》」と呼びます。文字通り、地層の連続性を調べていく際の鍵となる地層です。

鍵層の代表的な例が、火山灰による地層です。火山の噴火によって広い範囲に撒《ま》き散らされた火山灰は、そのまま埋もれて地層になります。しかも、火山ごとに含まれる鉱物の組成や化学成分が異なるので、比較的容易に別の火山かどうかが判別できます。

たとえば大分県の猪牟田《ししむた》カルデラから噴出した火山灰が、遠く大阪府や千葉県で確認された例があります。90万年前の噴火で噴出した「アズキ火山灰」や「Ku6C火山灰」と呼ばれる特徴的な火山灰が、九州中部から500㎞と1000㎞という遠く離れた場所で見つかったのです。

これらは、大分、大阪、千葉という3つの地点をつなげる大変便利な鍵層となりました。なお、この研究は私が三十歳代のときに行ったもので拙著『地球は火山がつくった』（岩波ジュニア新書）に詳しく紹介しています。

このように、遠く離れた場所に同じ火山灰層が見つかれば、ほぼ同時にできた地層とみなすことができます。さらに、その火山灰が噴出した年代がわかれば、離れた土地の地層が形成された年代が正確にわかります。年代が判明している火山灰層は、時間目盛の入った鍵層として重要な役割を果たすのです（図2-12を参照）。

†世界中に分布した化石を利用する方法

【センター試験問題】

次の図1は、ある地域における地質調査の結果を地形図上に表したものである。この地域に分布する地層は南北の走向を持ち、西に45度傾斜している。地点aではイノセラムスが見つかっている。地点bと地点cから見つかる可能性のある化石の組合せとして最も適当なものを、①～④のうちから一つ選べ。ただし、図の範囲内で地層の厚さは変

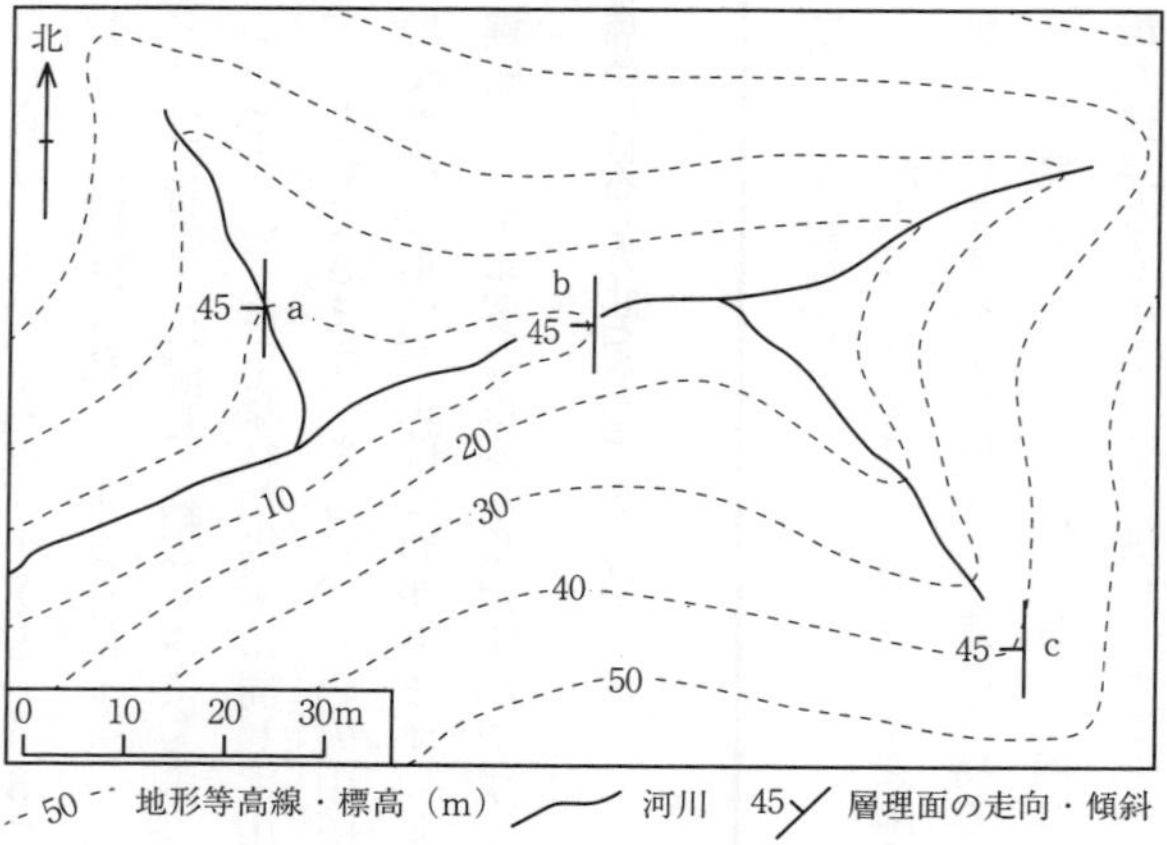

図1　ある地域の地形図と地質調査の結果

化せず、断層や褶曲、地層の逆転はないものとする。

	地点b	地点c
①	トリゴニア	ヌンムリテス（カヘイ石）
②	トリゴニア	フズリナ
③	フズリナ	トリゴニア
④	ヌンムリテス（カヘイ石）	トリゴニア

（2018年度地学、本試験、第2問、B、問3）

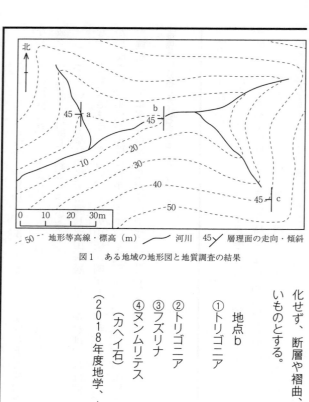

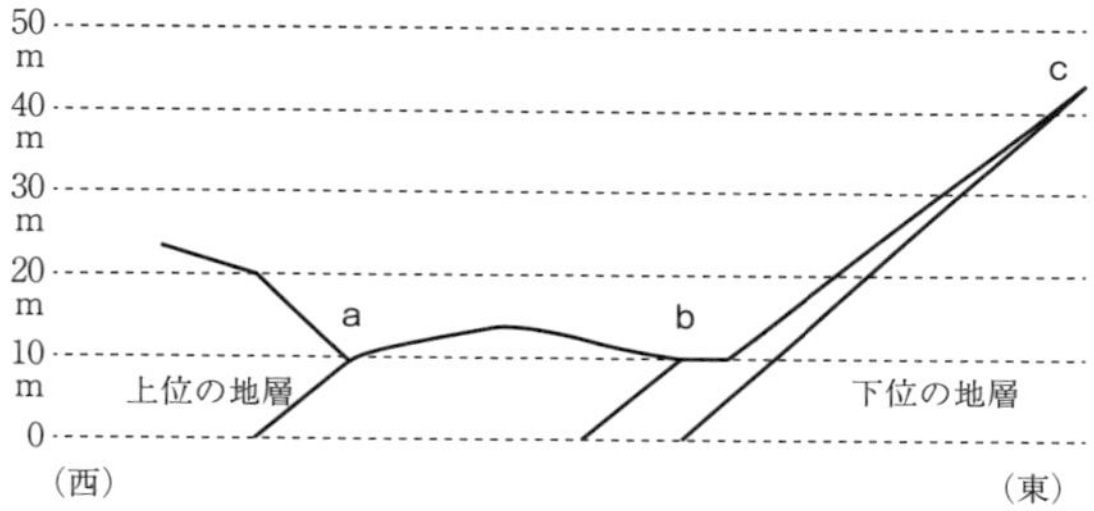

【問題の解答】

正解：②

〈考え方のポイント〉

この地域の地層は南北に走向しているので、東西の断面図を書くとわかりやすくなります（上図）。地点aと地点bの標高はともに10ｍで、地点cは四十数ｍです。さらに地層が西に45度傾斜しているため、新しい順に地点a→地点b→地点cとなります。

地点aから見つかったイノセラムスは、中生代の示準《しじゅん》化石です。フズリナは古生代、トリゴニアは中生代、ヌンムリテス（カヘイ石）は新生代の示準化石になります。

したがって、見つかる可能性のある化石の組合せは、地点b→地点cでは、トリゴニア→フズリナとなり、②が適当ということになります。

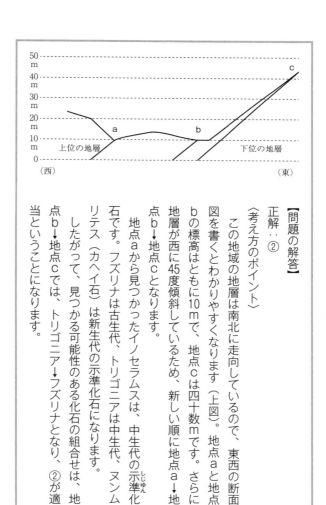

鍵層を用いて対比できるのは、先に示した例のように日本列島の範囲内など、地層が比較的近距離にある場合に限られます。これが日本とヨーロッパのような大きく離れた地域どうしを比べるとなると、鍵層は簡単には使えません。

離れた場所の地層どうしを調べるときには何を手がかりとするのかというと、世界中の海に広く生息した生物の「化石」を利用するのです。生物は何億年もの長い時間をかけて進化してきたので、時代ごとに特異的な形の遺骸《いがい》が化石として残されています。異なる地域から同じ生物の化石を含む地層が見つかれば、それらの地層は同じ時代に堆積したと推定できます。

このように、地層が堆積した時代を特定するのに役立つ化石を「示準《しじゅん》化石」といいます。示準化石は、広い地域にたくさん見つかって、しかも産出する期間（時代）が短いほうが適しています。

地球上に初めての生物が誕生したのは、38億年前と考えられています。そのころの海底にできた堆積岩の中で、列をなした細胞の痕跡のようなものが見つかっているからです。そのような原始的な生物がいた場所は、海底火山からの熱水が吹き出しているようなところではないかと推測されています。

†各年代と生物にとっての大事件

示準化石となるような固い骨格をもった多細胞動物が出現してきたのは、5億4000万年前の顕生代《けんせいだい》になってからです。これに対して、それ以前の時期はまとめて「先カンブリア時代」と呼んでいます。先カンブリア時代の冥王代《めいおうだい》・太古代・原生代は情報が非常に少ないので、細かく説明することはできないからまとめられてしまったのですね。

さて、太古代には、地球の生物にとって最も重要な事件がありました。約27億年前に、光合成を行う生物が出現したことです。地球上の酸素は、この頃からできはじめたのです。酸素を放出するのは、シアノバクテリア（藍色細菌《らんしょくさいきん》）という原始的な生物ですが、海の中にストロマトライトと呼ばれる構造物を作ります。実は、シアノバクテリアの子孫は現在まで生き残っていて、オーストラリアの海岸ではストロマトライトを見られる場所があります（図3-1）。

地球の歴史区分のうち、古生代、中生代、新生代という地質時代は、地層の重なりと化石（代表的な生物群の出現や絶滅）によって決められました。時代名に「生」の字が入っているのは、生物を用いて区分されたからです（図3-2）。

古生代は5億4100万〜2億5200万年前までで、古い時代から、カンブリア紀、

図3-1：オーストラリアの西海岸に見られる最古の生物シアノバクテリアなどの働きによって作られた構造物・ストロマトライト（PIXTA）

オルドビス紀、シルル紀、デボン紀、石炭紀、ペルム紀に分けられています（第4章の図4-2を参照）。

カンブリア紀は二酸化炭素の濃度が高く温暖だったのですが、酸素濃度は低かったと考えられています。この時代に「カンブリア紀の爆発」といわれるほど、多数で多種類の動物が突然出現しています。

その後、地球上の酸素は増加し続け、ついにシルル紀には「オゾン層」が発達し、太陽からの紫外線をオゾン層が防ぐようになりました。そのおかげで、生物は陸上に進出できるようになったのです。

その後のデボン紀にはサンゴ礁《しょう》が発

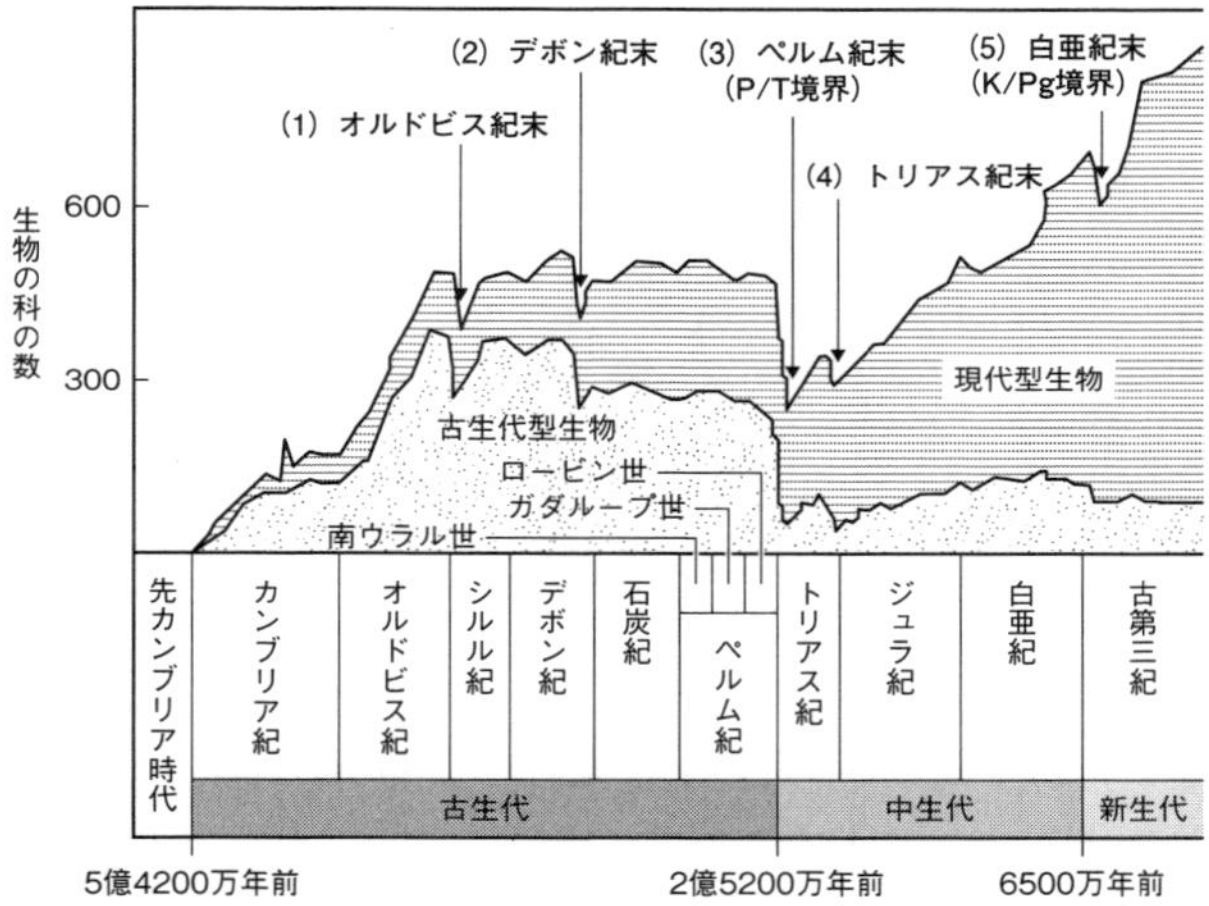

図3-2：生物が大量絶滅した5つの時期

達し、さまざまな魚類が繁栄しました。さらに最初の両生類も誕生しています。石炭紀には裸子《らし》植物が大森林を形成し、さらに酸素は増加しました。これらの植物が堆積し、石炭層を形成しました。

古生代末のペルム紀末2億5000万年前に、生物の「大量絶滅」がありました。地球史上最大級の絶滅が起こり、地層にもP／T境界線と呼ばれる痕跡が残っています。ちなみに、Pはペルム紀の略で、Tはトリアス紀（三畳紀《さんじょうき》）の略です。

これはP／T境界線を境に、化石として出てくる生物の種類がまったく違っているため名付けられました。海洋生物の96％、全生物種の90～95％が死滅したといわれています。その主な原因は、この時代に起こった超巨大噴火と超大陸の分裂ではないかと考えられています。

中生代は、2億5200万年前から6500万年前までです。古い時代から、トリアス紀、ジュラ紀、白亜紀に分かれます。ジュラ紀や白亜紀になると気候は温暖になり、恐竜繁栄の時代になりました。ジュラ紀末には、恐竜から進化した鳥類も出現しています。

中生代末の白亜紀末6500万年前にも、恐竜を代表とする生物の大量絶滅がありました（図3-2）。これはメキシコのユカタン半島に直径10kmの巨大隕石《いんせき》が落下したことが原因と考えられています。

次の新生代は、6500万年前から現在へと続きます。新生代も、古い時代から古第三紀、新第三紀、第四紀に分かれています（第4章の図4-2参照）。現在は第四紀にあたります。温暖な気候から寒冷な気候へと地球全体の環境が変化した時代です。

第四紀の特徴としては、氷河《ひょうが》が広く覆う氷期と、地球全体が温暖化する「間氷期」が、およそ数万年から10万年ごとに、周期的に何度も繰り返されることです。

さて、示準化石に話を戻しましょう。その代表例として、古生代では、三葉虫《さんようちゅう》や筆石《ふでいし》、フズリナが挙げられます（図3-3-A、図3-3-B、図3-3-C）。

節足動物の「三葉虫」はカンブリア紀に出現し、古生代前半に大繁栄しました。三葉虫には、多数の体節にえらが付いた付属肢《ふぞくし》があり、呼吸をしていたと考えられています。

図3－3－A：三葉虫（古生代前半）の化石（PIXTA）

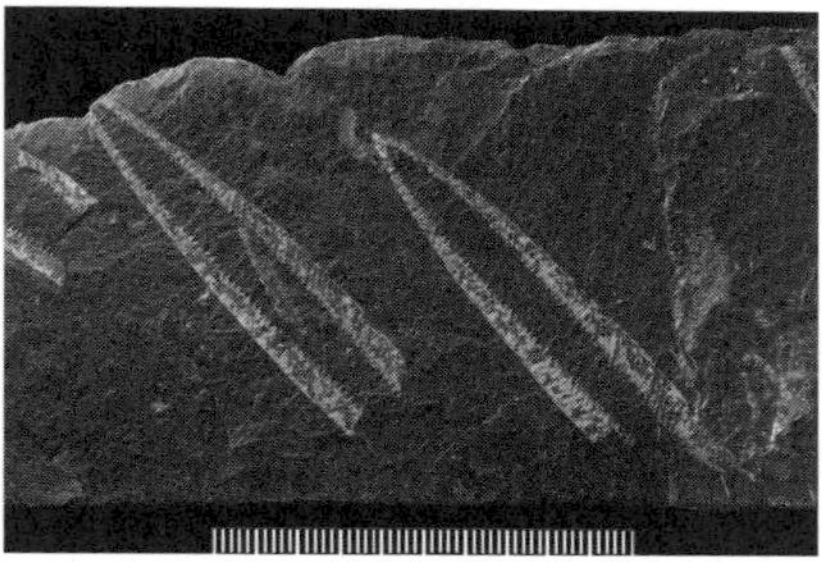

図3－3－B：筆石（オルドビス紀）の化石（アマナイメージズ）

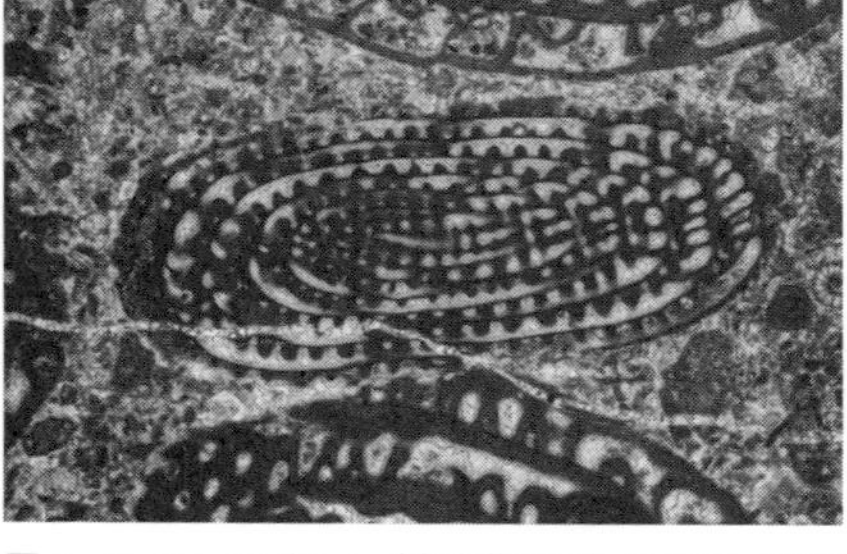

図3－3－C：フズリナ（古生代後半）の化石（PIXTA）

筆石は、オルドビス紀の海洋に最も繁栄した半索《はんさく》動物に分類される動物です。個虫が集合した群体状態で、円錐《えんすい》状、らせん状、ひも状、シダの葉状などさまざまな形をしています。

フズリナは原生動物で、殻に覆われています。殻の形は、紡錘《ぼうすい》形、球形などさまざまで、大きいものでは直径1cm以上になります。生息期間が短いうえに、頻繁に形態が変化した生物なので、示準化石として極めて有効です。

次の中生代になると、二枚貝のイノセラムスやモノチス（図3-4-A）、現生のオウムガイに似たアンモナイト（図3-4-B）、恐竜の化石があります。

また新生代では、有孔虫類の貨幣石（ヌンムリテスともいい、化石として残る殻は石灰質で直径数mmから10cmで円盤状、貨幣に似ている）やメタセコイア（化石植物として有名だが、1943年に中国四川省で現生種が発見され広く栽培されている）、さらに哺乳類などが典型的な示準化石です。

ちなみに、海に浮遊するプランクトンの化石は、顕微鏡でしか見えないほど小さいので「微化石」と呼ばれています。特に硬い殻を持つ放散虫・有孔虫（図3-4-C）・珪藻《けいそう》などのプランクトンは、地層中で化石になっても壊れたり変形したりしにくいので、顕微鏡での同定が容易です。個体数が非常に多く、また海流によって広範囲に分布しているため、

図3－4－A：モノチス（二枚貝、中生代）の化石（PIXTA）

図3－4－B：アンモナイト（中生代）の化石（PIXTA）

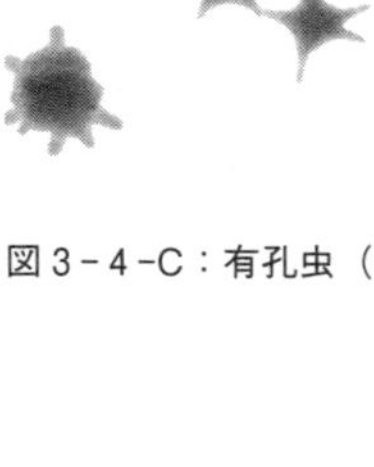

図3－4－C：有孔虫（新生代）の化石（PIXTA）

示準化石として対比によく利用されます。

生物は種類ごとに、生息できる環境が限定されるため、生きていた時代の環境を知る手がかりとなる化石があります。その地層が堆積した場所の環境がわかる化石を「示相《しそう》化石」といいます。

示相化石として用いられるのは、生息場所が限定され、しかもほかの生物が生息できない環境に生きていた生物です。たとえば、サンゴは暖かく浅い海でしか成育できません。ですから、サンゴが堆積した地層は、当時温暖な浅海《せんかい》であったと推測されます。また、淡水と海水が混じり合う水域でのみ育つシジミの化石は、河口近傍《きんぼう》や湖沼《こしょう》で堆積したことを示します。生息環境の条件が狭い種ほど、過去の環境の特徴を特定しやすいという利点があります。

最新の技術では、化石となった殻や細胞膜を分析することで、その生物が生きていた当時の水温を推定することもできます。地球の歴史を編む方法については、高校生向きの拙著『地学ノススメ』（講談社ブルーバックス）に分かりやすく説明したので参考にしてください。

†地質学の誕生――スミスの功績

地層の順番と年代を知るアイデアを世界で最初に思いついたのは、イギリスの土木・測量技師のウィリアム・スミス（1769―1839年）です。

スミスは鍛冶《かじ》屋の息子として生まれましたが、8歳のとき父親を亡くし孤児になりました。しかし、非凡な才能を見込まれ土地測量技師の助手になることができました。24歳で独立し、イングランド各地で土地測量技師として炭鉱の坑道などの工事を担当して地質学的な知識を得ていったといいます。

炭鉱で地質を見る専門家として働いていたスミスは、地層の上下関係から地層が堆積した順番を知ることができるのでは、というアイデアを得ました。さらに彼は、各地層には同一の化石が含まれていることに気づき、地層と化石の対応表を作りました。

その対応表に基づいて、離れた場所の地層で同一の化石が出れば同じ時代に堆積した地層ではないか、と考えたのです。スミスは、同じ化石がどこまで離れた地層に見つかるのか、イギリス国内の類似した地層を調べました。

そして、同一の化石が出土する地層の分布を詳しく調べ、1枚の地図に表現しました。これが1815年に世界で初めて作られた「地質図」です。この功績がたたえられて、スミスは「層序学《そうじょ》の父」と呼ばれています。なお、サイモン・ウィンチェスター著『世界を変えた地図 ウィリアム・スミスと地質学の誕生』(早川書房)に興味深く述べられているのでぜひ読んでみてください。

†放射性元素を利用する

ここまで述べてきた地質学による地層や化石を用いた年代推定は、いわば相対的なものです。では、地層や化石、岩石の絶対的な数字の入った年代(絶対年代)はどのように求められるのでしょうか?

ここで「絶対年代」とは、「〇〇年前」と具体的な数値で表した地質年代のことで、各種の「放射性元素」の壊変現象を利用して求めます。20世紀後半になり、地上に残された岩石が何年前にできたのかを数値で知るために、放射性元素を用いる方法が考案されました。

放射性元素とは、放射線を出しながら別の元素に変化する(「放射壊変《かいへん》」といいます)元素のことです。

自然界には、ウラン238やカリウム40、炭素14などの一定の時間が経つと壊変する原子が数多くあり、これらを調べれば年代を直接測定することが可能なのです。

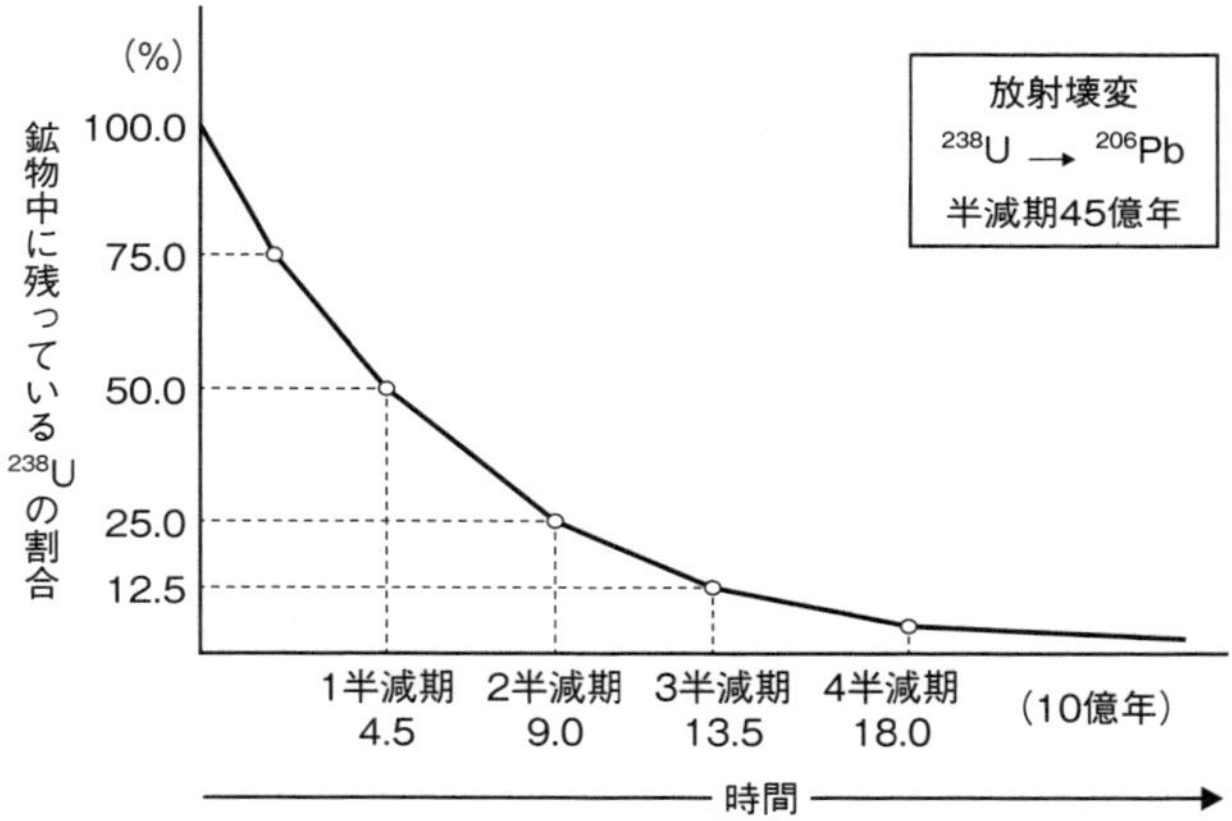

図 3-5：ウラン鉛法による放射年代測定と半減期

そこで地上に残された、古い時代の岩石中の放射性同位体の量を精密に測定することで、岩石ができた年代がわかるようになりました（図3-5）。

使用されるのは、ウラン238と呼ばれる放射性元素（^{238}U）です。^{238}Uは、長い時間をかけて放射壊変を起こして、鉛206と呼ばれる放射性元素（^{206}Pb）に変化します。^{238}Uの壊変は、温度・圧力などの変化に影響されず時間ごとに一定の割合で起きるので、岩石の生まれた時間を計算できるのです。簡単にいえば、ウランと鉛の割合から放射壊変のために経過した時間を逆算できるという仕組みです。

放射性元素の原子数が、放射壊変によって半分になるまでの時間を「半減期」と呼

壊変前		壊変後	半減期
^{238}U	→	^{206}Pb	44億6800万年
^{235}U	→	^{207}Pb	7億 380万年
^{232}Th	→	^{208}Pb	141億年
^{40}K	→	^{40}Ar	12億8000万年
^{87}Rb	→	^{87}Sr	480億年
^{147}Sm	→	^{143}Os	1060億年
^{14}C	→	^{14}N	5730年

図 3-6：年代測定に利用される放射性同位体（実教出版発行『生物 新訂版』による図を一部改変）

びます。現在、実験室を含め人類が発見した元素は118種ですが、自然界に存在が知られる元素は89種あります。

その中から求めたい年代の岩石に合う半減期を持つ放射性同位体を選びます。さまざまな半減期の元素がありますので、適当な半減期の放射性元素を選ぶことにより、知りたい年代の幅の測定が可能となります。

たとえば、先述のウラン238（^{238}U）の半減期は45億年ほどです。ほかに、半減期の長い元素としては、カリウム40（約13億年）やウラン235（約7億年）が、地球の年齢スケールの絶対年代を測定するのに用いられています。

ちなみに考古学など、より短めの年代を測りたいときの元素としては、炭素14（約5700年）などが利用されます（図3-6）。

岩石の中からこうした放射性元素を含む鉱物を選り分けて、放射性元素の数を精密に測定して年代を求めるのです。

3 岩石の「読み方」

†岩石の「でき方」

ここまで、地球が誕生以来どのように「生きて」きたのか、どのくらいの年数を「生きて」きたのか、その手がかりを知るための地質学の考え方について見てきました。

地質学で調査対象としているのは地層やそれを構成する岩石ですが、ここからはより焦点を絞って、岩石とは何か、について詳しく見ていきたいと思います。

地層を構成する岩石は、そのでき方の違いによって、「火成岩《かせいがん》」、「堆積岩《たいせきがん》」、「変成岩《へんせいがん》」の3種類に分類されます。

それぞれ名称の文字が表すとおり、火成岩はマグマが冷却して固まってできた岩石。堆積岩は、礫《れき》や砂粒、粘土といった物質が堆積することによってできた岩石。変成岩は、温度や圧力など、岩石がおかれていた条件が変化したとき、含まれている鉱物が化学変化して新しい構造になった（変成した）岩石、を指します。

【センター試験問題】

火成岩に関する次の文章を読み、下の問い（問3・問4）に答えよ。

かんらん石と斜長石《しゃちょうせき》の斑晶《はんしょう》を含む火山岩Aと、石英、斜長石、カリ長石、黒雲母から構成される深成岩Bを採取した。これらの岩石および構成鉱物の化学組成を調べたところ、火山岩Aの SiO_2 含有量は約（ア）重量%であった。また深成岩Bに含まれる斜長石は、火山岩Aに斑晶として含まれる斜長石にくらべて（イ）に富んでいた。

問3　上の文章中の（ア）・（イ）に入れる数値と元素の組合せとして最も適当なものを、次の①～④のうちから一つ選べ。

	ア	イ
①	50	Na
②	50	Ca
③	70	Na

④　70　Ca

問4　上の文章中の下線部の岩石について述べた文として最も適当なものを、次の①〜④のうちから一つ選べ。

①有色鉱物の占める割合が高いため、黒っぽい色調を示す。
②マグマがゆっくり冷え固まってできたため、ガラス質の物質に富む。
③他の鉱物のすき間を埋めて成長した、他形を示す結晶が含まれる。
④含まれる有色鉱物は、SiO_4四面体が鎖状につながった骨組みをもつ。

（2018年度地学、本試験、第5問、B、問3、問4）

火成岩は何からできているのか

火成岩を作っているのは「鉱物」で、鉱物は原子が規則正しく並んだ「結晶」でできています。岩石を作る鉱物のことを「造岩鉱物」といいます。主な造岩鉱物には、「かんらん石」、「輝石《きせき》」、「角閃石《かくせんせき》」、「黒雲母《くろうんも》」、「石英《せきえい》」、「長石《ちょうせき》」などがあります。

ほとんどの造岩鉱物は、ケイ素（Si）と酸素（O）を主な成分としているので、「ケイ酸《さん》塩鉱物《えんこうぶつ》」と呼ばれます。

火成岩は、でき方により2種類に分けられています。マグマが地表近くで急に冷えて固まった「火山岩」と、地下深くでゆっくり冷えて固まった「深成岩」です。

マグマが急に冷えると、鉱物の結晶は大きくなることができずに細かい砂状の粒になり、これを「石基《せっき》」といいます。火山岩の断面を見てみると、この石基と、大きな粒の結晶（「斑晶《はんしょう》」といいます）の両方が見られ、これを「斑状組織《はんじょうそしき》」といいます。

この斑晶は、マグマが冷えて固まる前に、すでに含まれていた結晶であると考えられています。たとえば深成岩の断面を見てみると、石基はなく斑晶しか見られず、粒がそろっているので「等粒状組織」といいます。

✦火成岩の種類

火山岩の代表的なものには、マグネシウムと鉄を含む「玄武岩《げんぶがん》」、マグネシウムや鉄を含まず、石英や長石からなる「流紋岩《りゅうもんがん》」や「デイサイト」、その中間の「安山岩《あんざんがん》」があります。

深成岩には、ほとんどがマグネシウムと鉄からなる「かんらん岩」、マグネシウムと鉄を含む「斑《はん》れい岩」、マグネシウムや鉄を含まず、石英や長石からなる「花崗閃緑岩《かこうせんりょくがん》」や「花崗岩」、その中間の「閃緑岩」があります。

中央海嶺から吹き出したマグマは冷えて玄武岩になります。そのため、海洋プレートはほとんどが玄武岩でできています。また、大陸プレートを構成する地殻は多くが花崗岩でできています。玄武岩は花崗岩よりも密度が大きく重いので、海洋プレートは大陸プレートよりも重くなり、大陸プレートの下へ沈みこんでいくのです。

【問題の解答】

問3　正解：①

〈考え方のポイント〉

鉱物の組成から、火山岩Aは玄武岩、深成岩Bは花崗岩と判断できます。

ア：玄武岩の SiO_2 含有量は45〜52%であるので、答えは「50」です。

イ：花崗岩に斑晶として含まれる斜長石はNaに富んでいます。答えは「Na」となります。

問4　正解：③

〈考え方のポイント〉

①誤り：花崗岩は有色鉱物の占める割合は低く、白っぽいものです。
②誤り：この鉱物は深成岩なのでマグマがゆっくり冷え固まってできたのは正しいが、ガラス質の物質は急冷したときできるのでこの文はおかしいのです。
③正しい
④誤り：含まれる有色鉱物は黒雲母です。黒雲母は SiO_2 四面体は平面網目《あみめ》状の骨組みを持っています。

岩石から時代の情報を読み解くには

地層を読み解くとき、隣り合った地層のどちらが古いかは、本来の上下関係、成り立ち、不整合があるかなどを読み解くことでわかることは説明しました。

さらに、近くに異なった種類の火成岩の地層があるとき、どちらが古いか新しいかを調べるには、それらの岩石ができたときのマグマがどのように地層に上がってきたか、を考えるとわかってきます。

図3-7を見てみると、花崗岩の中に安山岩が入り込んでいます。ゆっくり固まってできる花崗岩が後から入ってきたのでは、この関係は成り立ちません。やはり、先に花崗岩

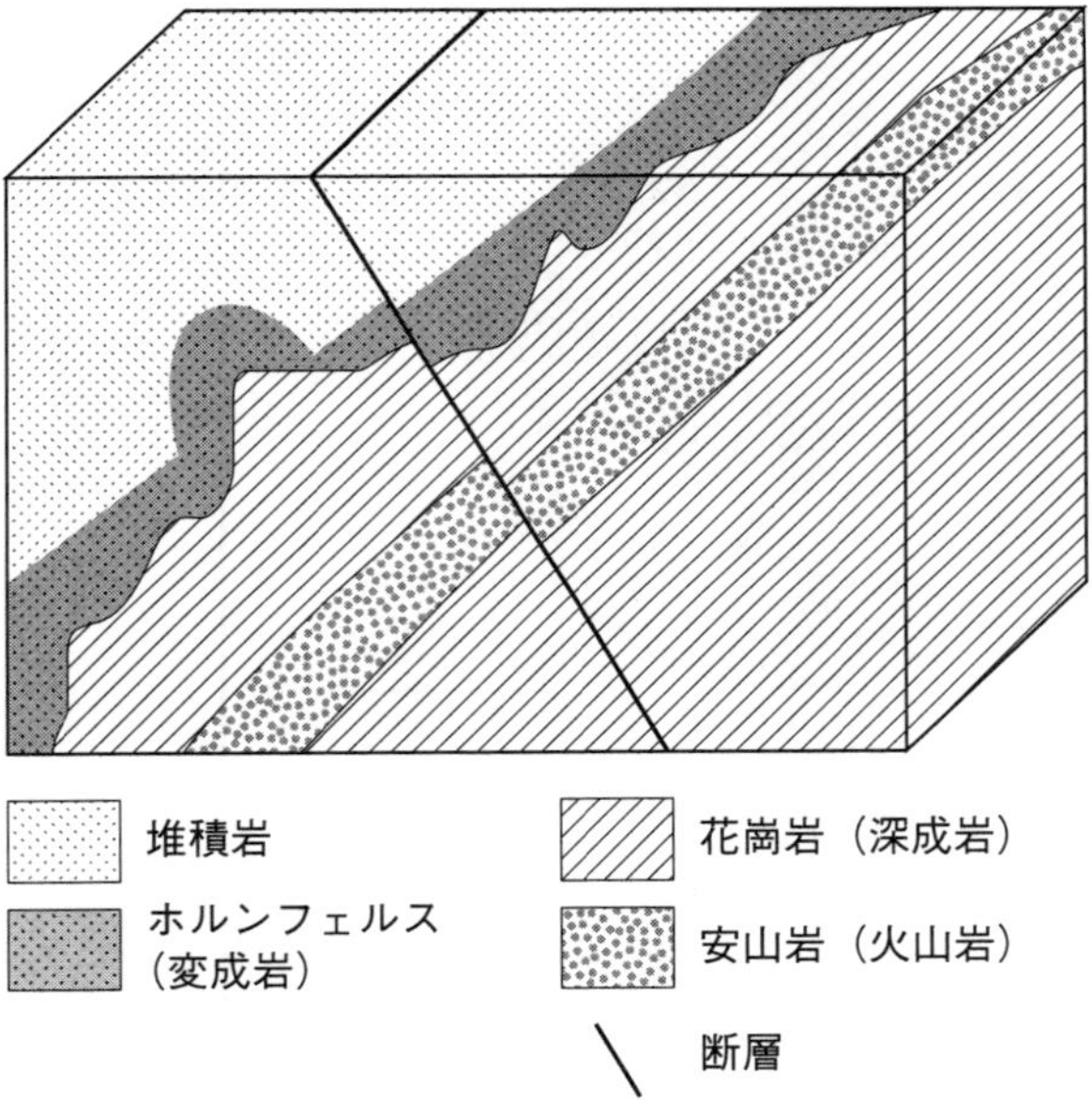

図 3-7：火成岩・変成岩の新旧関係（数研出版発行『地学』による図を一部改変）

の岩体ができ、その中に後からマグマが進入してきて、急激に固まって安山岩ができた、という新旧関係になります。

花崗岩に接するホルンフェルス（変成岩）は、堆積岩が液体マグマの持つ熱による変成作用を受けてできたものです。これは泥岩《でいがん》や砂岩《さがん》などの堆積岩が再結晶してできた固い緻密《ちみつ》な岩石ですが、冷たい岩石中に高温のマグマが進入することで変成作用を受けました（特に「接触変成作用」と呼びます)。
したがって、堆積岩があったところへマグマが貫入《かんにゅう》してきたことになり、堆積岩のほうが古いということがわかります。

【センター試験問題】

ある火成岩のプレパラート(薄片)を偏光顕微鏡で観察すると、図2のような組織であった。この組織のでき方について述べた次の文a・bと岩石名の組合せとして最も適当なものを、下の①~④のうちから一つ選べ。

組織のでき方

a 細かい結晶とガラスからなる岩石ができ、その後にいくつかの結晶が大きく成長した。

b 大きな結晶ができた後に、細かい結

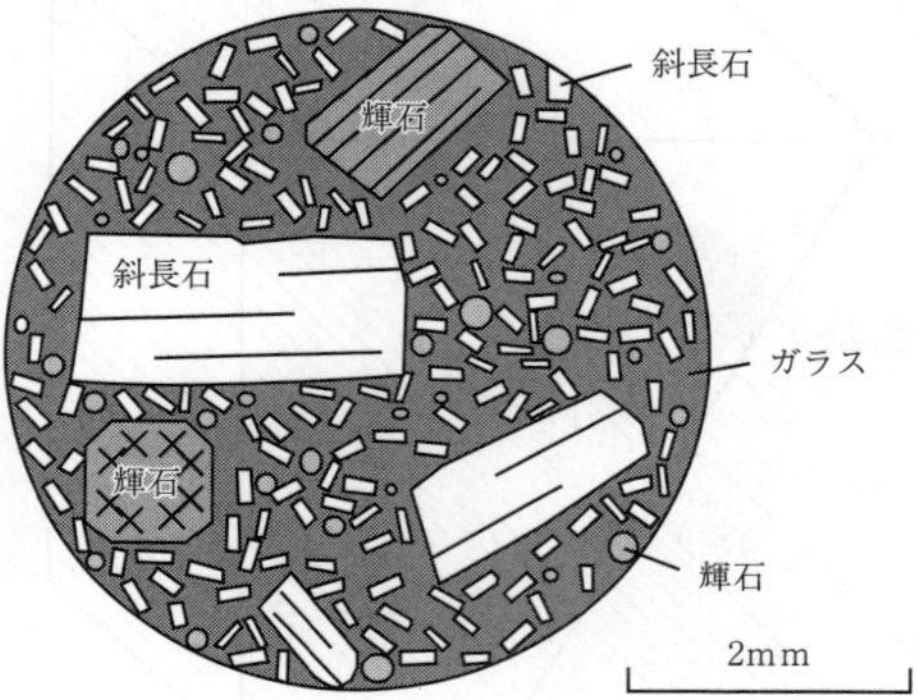

図2 ある火成岩のプレパラートを偏光顕微鏡で観察したときのスケッチ

晶とガラスができた。

	組織のでき方	岩石名
①	a	安山岩
②	a	閃緑岩
③	b	安山岩
④	b	閃緑岩

（2017年度地学基礎、本試験、第1問、B、問4）

【問題の解答】

問4　正解：③

〈考え方のポイント〉

図の岩石はマグマが地上に噴出した火山岩として典型的なものです。輝石とは四角い形の黒い鉱物で鉄やマグネシウムを含みます。また、斜長石とは長方形の白い鉱物で、アルミニウムやカリウムを含みます。ガラスというのはマグマが急冷して固まったものです。

大きな結晶は固まるのに時間がかかるので、地上に上昇する前にできはじめました。一方、小さい結晶とガラスはマグマが急冷してできたものです。すなわち、火山の下にあるマグマだまりで最初に大きな輝石と斜長石が結晶化し、後で小さな輝石や斜長石が結晶化し、最後にガラスで埋められます。

したがって、組織のでき方としてはbが正しい答えになります。また、岩石名としては、火山岩の安山岩が正しい答えです。よって正解は③です。

†岩石を生む「変成」とは何か

【センター試験問題】

変成作用およびそれによって生じる岩石について述べた文として、誤っているものを、次の①～④のうちから一つ選べ。
①結晶片岩では、変成鉱物が一方向に配列した組織が見られ、面状にはがれやすい。

②接触変成作用は、マグマとの接触部から幅数十～数百㎞にわたっておこる。
③片麻岩《へんまがん》は鉱物が粗粒《そりゅう》で、白と黒の縞模様が特徴である。
④ホルンフェルスは硬くて緻密である。
（2018年度地学基礎、本試験、第1問、D、問8）

変成岩ができる「変成作用」には2種類あります。

1つは、地殻上部などの冷えた岩石がマグマと接触したとき、マグマより高熱を受けて変成する場合で、「接触変成作用」といいます。この接触変成作用により、泥岩や砂岩が再結晶すると、硬くて緻密な岩石・接触変成岩（ホルンフェルスなど）に変化します。

もう1つは、地下深部に埋もれた岩石が、構造運動の影響で、広範囲にわたって高温高圧の下におかれて変成する場合で、「広域変成作用」といいます。

変成岩を調べると、変成岩ができたときの温度や圧力を解析することにより、そのときどのような環境だったのかを推測することができます。つまり、高温・低圧の条件でできた変成岩は、地殻の中でどのような現象が起こったのかを知る手がかりとなるのです。

また、低温・高圧の条件でできた変成岩は、日本列島のように冷たいプレートが沈み込んでいく地下深部での現象を知る、またとない手段になるのです。

【問題の解答】

正解：②

〈考え方のポイント〉

①正しい

②誤り：接触変成作用はマグマより高熱を受けて変成するので、その範囲はせいぜい幅が数kmの範囲になります。

③正しい

④正しい

第 4 章
日本列島の成り立ち

伊豆大島の南西部に露出する美しい地層の縞模様は、スコリアと火山灰が降り積もった堆積物で「地層大切断面」と呼ばれる。一見褶曲のような形状だが火山噴出物が100層ほど旧地形に沿って覆ったもので、中に不整合も見られる（鎌田浩毅撮影）

1　日本列島は地学的にはどのようなキャラなのか？

　ここまでは地球全体の来歴や構造について見てきました。本章では、さらに焦点を絞って、私たちの住む日本列島を地学の視点から見ていきたいと思います。

　足元の大地がどのような特性を持っているのか、どのような活動をしているのか、どのような来歴なのかを知ることは、私たちが日々暮らし、また未来の防災を考えるためにも大変重要になってきます。順に見ていきましょう。

†4つのプレートが押し合いへし合いする現場

　第2章で、地球の表面は、ベルトコンベアのようにゆっくりと移動する「プレート」という岩板で覆われていると述べました。このプレートに注目すると、日本列島は4つのプレート（ユーラシアプレート、北米プレート、太平洋プレート、フィリピン海プレート）が集まった、非常に特殊な場所にあります（図4-1）。

　4つのプレートは絶えず動いており、海洋プレートである太平洋プレートとフィリピン海プレートが、大陸プレートのユーラシアプレートと北米プレートの下へ沈み込んで押し

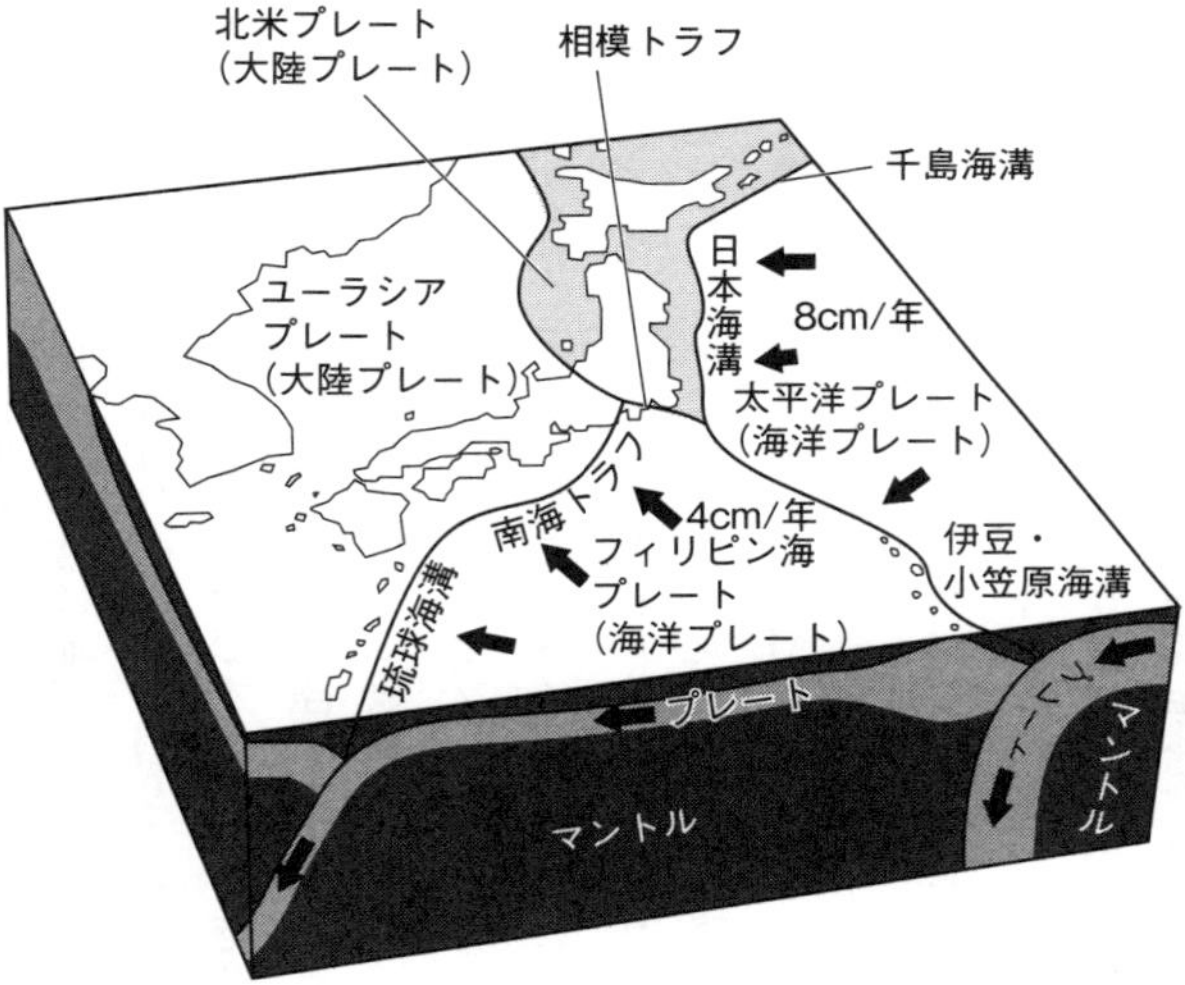

図4-1：日本列島を取り囲む４つのプレート

合いへし合いの状態になっています。

沈み込む動きは年間数㎝の速度ですが、４つのプレートが移動するので、日本列島にはいつも圧縮する力が加わっていることになります。その結果、日本列島は1年間に全体の1000万分の1というわずかな割合ですが、ひずみが溜まっていることになります。

日本列島は地震の巣である

こうしたひずみが過去2億年も働き続けることで、日本列島は数多くの地震や噴火などを繰り返してきました。その結果、日本列島の地下の岩盤には、無数の割れ目が入りこんでいます。これらの割れ目は、地震を伴う断層になり、さまざまな活動をしています。

このように、日本は非常に地震の多い国なのです。すでに述べたように、日本列島は世界の陸地面積の400分の1しかありません。しかし、1年間に世界で発生する地震の約1割は日本で起こっているのです。これまで解説してきたように、日本で起こる巨大地震の原因には、海で起こる地震と陸で起こる地震の2つのパターンがあります。

1つめのタイプの海で起こる地震は、太平洋側を襲う地震で、日本列島の大陸プレートと海洋プレートの沈み込み帯でプレートが弾《はじ》かれて起こります。マグニチュード8クラスの地震が発生し、陸で起こるタイプの地震に比べ数十倍のエネルギーをもっています。

マグニチュードとは、地震の大きさを示す単位で、地震で解放されたエネルギーの大きさを表しています。マグニチュードはMと略して、M7やM8と書きます。マグニチュードは1違うと大きな違いで、Mが1増えるとエネルギーは32倍も大きくなります。

2011年3月11日、東日本大震災を引き起こした巨大地震（東北地方太平洋沖地震）はこのタイプで、M9というすごいエネルギーでした。この地震は1000年に1度のものといわれ、その巨大なエネルギーは北米プレート上の地盤を大きく変えてしまいました。

地震の結果、日本列島は5・3mも太平洋側に移動し、日本の陸地面積は0・9㎢拡大しました。その結果、日本列島全体の地盤が一気に不安定になってしまったのです。

2つめのタイプの陸で起こる地震は、内陸性の「直下型地震」です。直下型地震は内陸の地下の浅いところで起こるので、地上のゆれが非常に大きくなるのが特徴です。

東日本大震災を引き起こした巨大地震のあと、震源から大きく離れた内陸でも大きな地震が起こっています。2011年3月12日に長野と新潟の県境でM6・7の地震が起きました。2016年4月14日にはM6・5の熊本地震が起こりました（図2-11参照）。

熊本地震は翌日にM6・4、2日後にM7・3の「本震」というように直下型地震が3つも立て続けに起こる異常事態でした。これらの地震は、日本列島の地盤に加えられたひずみを解消するために発生しているものと考えられます。

1995年に関西で大きな被害をもたらした阪神・淡路大震災を引き起こした兵庫県南部地震も、M7・3の直下型地震です（図2-11参照）。直下型地震は、突然地震が起こるため、逃げる暇がなく多くの犠牲者を出してしまいます。前章でも述べましたが、兵庫県南部地震は、野島断層という「活断層」により引き起こされました。

ここで、「断層」について説明します。直下型の地震は、地下で岩石が割れ、ずれが生じたところがさらに広がることで発生します。そのずれ（割れ目）のことを断層といいます。断層は割れ目なので、一度できてしまうと、その割れ目に沿って何度も地震が起こります。

前述しましたように、この割れ目（断層）が、日本列島にはあらゆるところにあるのです。この断層の中で、過去に繰り返し地震を起こしているものを、生きている断層という意味で「活断層」と呼んでいます。

地震は、日本列島に加えられ続けている巨大な力を解放するために起こっているといってもよいでしょう。この巨大な力が次にどこで解放されるのか、日本列島にはあまりに候補が多すぎて、地震がいつどこで起こるのかわからないほどです。

活断層は、これまで1000年から1万年の周期でずれ、何十回も地震を起こしてきました。今の日本列島には活断層は2000本以上存在することがわかっています。その中でも100本の活断層は、非常に活発で、かつこれまで大きな地震災害を引き起こしてきたので、特に注意が必要です（第2章の図2-10を参照）。

2　日本列島はどのような岩石からできているか

†日本列島は大陸から分離してできあがった

【センター試験問題】

日本の地史に関連して、古生代に起こったできごとについて述べた文として最も適当なものを、次の①～④のうちから一つ選べ。

①秋吉台《あきよしだい》（秋吉帯）の石灰岩が形成された。
②岐阜県上麻生《かみあそう》の礫岩《れきがん》（上麻生礫岩）が形成された。
③伊豆・小笠原弧《こ》が本州弧（西南日本弧）と衝突した。
④北海道や九州の炭田が形成された。

（2017年度地学、追試験、第5問、A、問1）

日本列島がどのようにして現在の姿になったのか、を追ってみましょう。地層に残された証拠からその土地の履歴を明らかにする学問は地学の中でも「地史《ちし》」と呼ばれます。

ここで日本列島の地史を明らかにするため、第2章で見てきたウェゲナーによる「大陸移動説」を思い出してみましょう。それによれば、現在ある地球上のすべての大陸は、もともとは「パンゲア」と呼ばれる1つの巨大な大陸で、そこから分離して今の姿になった、とされています。日本列島もそのパンゲアの一部であり、やがてユーラシア大陸の一部として分離しました。

では、どのようにして日本列島はできあがっていったのか、時代を追って見ていくことにしましょう。

†ホットプルームと日本列島

約11億〜7億年前、地球上には「ロディニア超大陸」ができており、日本列島もこの超大陸の端の一部を構成していました。ロディニア超大陸は約7億年前に分裂を始めましたが、このきっかけを作ったのは、「ホットプルーム」と呼ばれる直径1000kmにも及ぶ高温の上昇プルームです。

おさらいをすると、ホットプルームとは、もともとプレートの残骸だったものが化学変化したものです。地球の構造の中心にある核から熱をもらい、地球内部を大きな煙のように地殻《ちかく》まで立ち昇《のぼ》ってくる高温で巨大な固まりのことです（第2章の図2-8参照）。ホットプルームによる高熱が地殻の下部を溶かし、火山運動を活発化して超大陸を徐々に割っていったのです。

さて、日本列島の中部山岳・飛騨《ひだ》山脈には「飛騨変成岩」と呼ばれる変成岩が産出しま

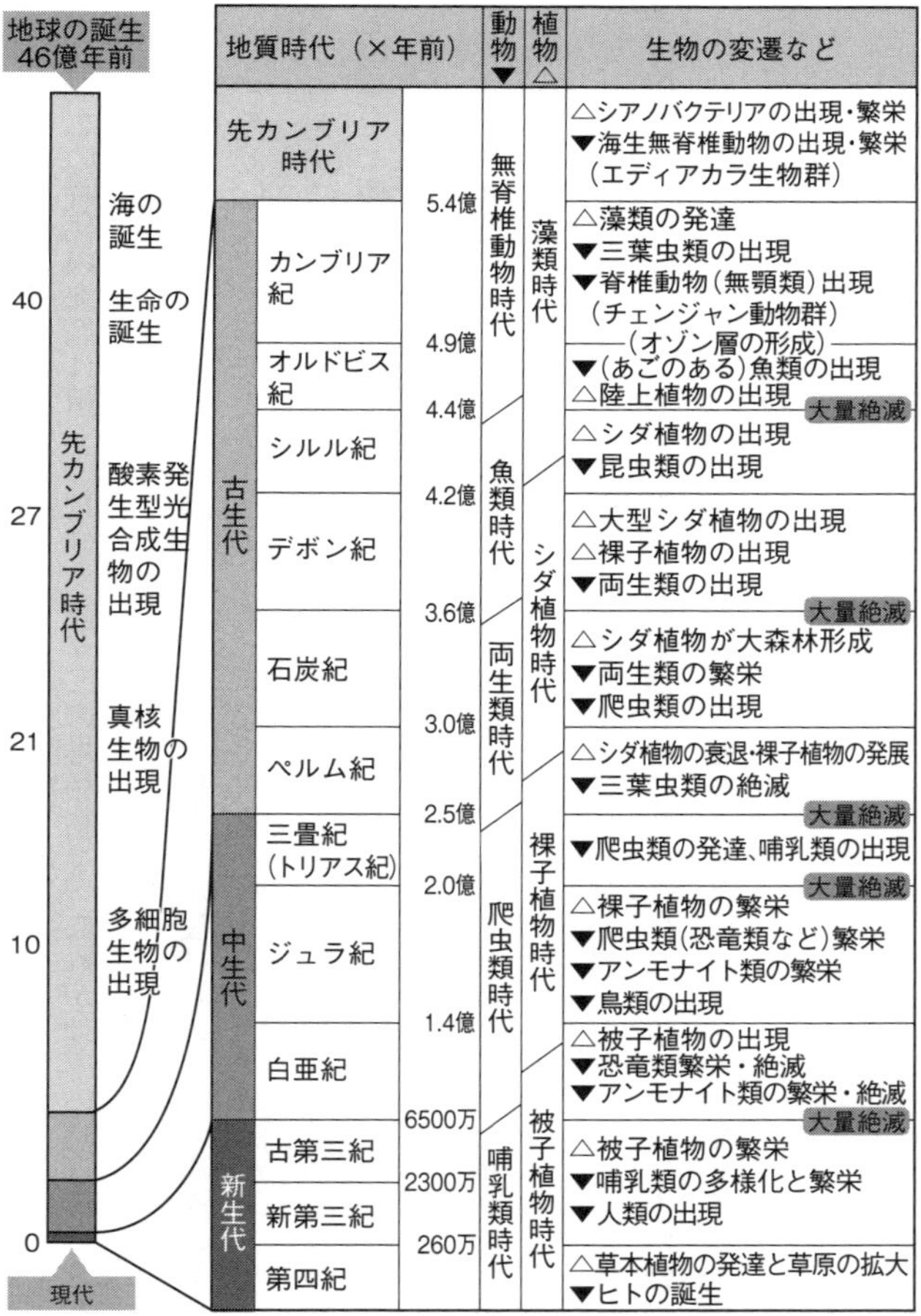

地球の誕生 46億年前	地質時代（×年前）		動物▼	植物△	生物の変遷など
海の誕生 生命の誕生	先カンブリア時代		無脊椎動物時代	藻類時代	△シアノバクテリアの出現・繁栄 ▼海生無脊椎動物の出現・繁栄（エディアカラ生物群）
		5.4億			
40	古生代	カンブリア紀			△藻類の発達 ▼三葉虫類の出現 ▼脊椎動物（無顎類）出現（チェンジャン動物群）（オゾン層の形成）
		4.9億			
先カンブリア時代 酸素発生型光合成生物の出現		オルドビス紀			▼（あごのある）魚類の出現 △陸上植物の出現 大量絶滅
		4.4億			
27		シルル紀	魚類時代	シダ植物時代	△シダ植物の出現 ▼昆虫類の出現
		4.2億			
		デボン紀			△大型シダ植物の出現 △裸子植物の出現 ▼両生類の出現 大量絶滅
		3.6億			
真核生物の出現		石炭紀	両生類時代		△シダ植物が大森林形成 ▼両生類の繁栄 ▼爬虫類の出現
		3.0億			
21		ペルム紀		裸子植物時代	△シダ植物の衰退・裸子植物の発展 ▼三葉虫類の絶滅 大量絶滅
		2.5億			
	中生代	三畳紀（トリアス紀）	爬虫類時代		▼爬虫類の発達、哺乳類の出現 大量絶滅
		2.0億			
10		ジュラ紀			△裸子植物の繁栄 ▼爬虫類（恐竜類など）繁栄 ▼アンモナイト類の繁栄 ▼鳥類の出現
多細胞生物の出現					
		1.4億			
		白亜紀		被子植物時代	△被子植物の出現 ▼恐竜類繁栄・絶滅 ▼アンモナイト類の繁栄・絶滅 大量絶滅
		6500万			
0	新生代	古第三紀	哺乳類時代		△被子植物の繁栄 ▼哺乳類の多様化と繁栄 ▼人類の出現
		2300万			
		新第三紀			
現代					
		260万			
		第四紀			△草本植物の発達と草原の拡大 ▼ヒトの誕生

図4-2：地質時代の区分と生物の変遷。数研出版発行『改訂版 生物』による図を一部改変

すが、これは古生代の前半にできたことがわかっています。この飛騨変成岩の元になったのは、この時代の海底に積もった砂や泥などの堆積物《たいせき》で、これが地下の熱によって変成したものなのです。

このことから、古代の日本列島は、ロディニア超大陸が裂け始めた頃の浅海《せんかい》の位置にあったと考えられています。浅海とは、海岸から大陸棚の外縁までで、水深が約200m以内の海域のことです。なお、日本列島の地質時代の区分は、図4-2のように生物の変遷《へんせん》と関連して明らかにされています。

ちなみに、飛騨変成岩がいつできたかは大変興味深い謎とされています。太古に堆積した岩石が、20億年前から4億年前にかけて何度も変成作用を受け、多様な種類の変成岩が形成されました。

その後、1億8000万年ほど前にマグマ由来の花崗岩《かこう》が貫入《かんにゅう》したことで、広く接触変成作用を受けたのです。その結果、地表ではこの時期に受けた最後の変成作用が残っています。このような地史は日本列島の形成初期を知る上で非常に重要なので、飛騨変成岩の研究は現在も続いているのです。

【問題の解答】

正解：①

〈考え方のポイント〉

①正しい：秋吉台は古生代末期（ペルム紀）の付加体で、フズリナの化石が多く含まれています。

②誤り：上麻生礫岩は中生代に形成されたもので、含まれる礫には約20億年前の片麻岩が見られます。

③誤り：伊豆・小笠原弧が本州弧と衝突したのは、新生代新第三紀です。この衝突によって、伊豆半島や丹沢山地ができました。ここで「弧」という文字がついているのは、弧状（弓なりに曲がった状態）に並んでいる火山島群のことをいいます。

④誤り：北海道や九州の炭田は、およそ6500万年前から2300万年前の時期に当たる新生代古第三紀に形成されたものです（図4-2を参照）。

†日本列島へ「岩石が付加される」とはどういうことか？

長い年月を経て大陸プレートの下へと沈み込んでいく海洋プレート上には、厚い堆積物が積もっていきました。これは、海洋プレートが沈み込むとき、削れて大陸に付け加わっていくため「付加体《ふかたい》」と呼ばれています。

付加体を構成するものは、海中で生息していた放散虫や珪藻《けいそう》などの微生物の遺骸《いがい》、そして宇宙から大気内へ入ってきた「宇宙塵《じん》」と呼ばれる細かいチリなど非常に微細な物質の集合です。

これらは海の中で、1万年に数㎜という非常に遅いスピードで海底に降り積もりますが、長い年月のうちに膨大な量になっていくのです。日本列島の山地の多くは、このような付加体の集合体からなる岩石でできています。

【センター試験問題】

地質に関する次の文章を読み、下の問い（問7・問8）に答えよ。

陸源性の砕屑《さいせつ》物の供給が少ない海域では、石灰質ナノプランクトン（ココリス）や（　ウ　）の殻からなる石灰岩が形成される。しかし、石灰質の殻や骨格は（　エ　）を境に溶けやすさが変わるため、これ以深では（　オ　）の殻からなるチャートや、風で運ばれた粘土からなる泥岩が形成される。これらの堆積岩に含まれる微化石の研究に基づき、西南日本外帯の海洋プレート層序と付加体の構造が明らかにされた。

問7　上の文章中の（　ウ　）～（　オ　）に入れる語の組合せとして最も適当なものを、次の①～④のうちから一つ選べ。

	ウ	エ	オ
①	浮遊性有孔虫	水温躍層《やくそう》（主水温躍層）	放散虫
②	浮遊性有孔虫	炭酸塩補償深度	放散虫
③	放散虫	水温躍層（主水温躍層）	浮遊性有孔虫
④	放散虫	炭酸塩補償深度	浮遊性有孔虫

問8　上の文章中の下線部（e）の海洋プレート層序と付加体について述べた文として最も適当なものを、次の①～④のうちから一つ選べ。

①付加体は、正断層によって海洋プレート層序が繰り返し重なって形成される。
②海洋プレート層序には、玄武岩質溶岩が含まれる。
③四万十帯は、ペルム紀の付加体である。
④付加体の形成年代は、陸側から海洋側に向かって古くなる。
（2017年度地学、追試験、第2問、C、問7、問8）

†日本列島はこのように形作られた

この問題を解くヒントにもなりますが、時代別に、日本列島へどのような付加体が加わったのか、その特徴を見ていきましょう（図4-3）。

古生代ペルム紀（3億年前〜2億5000万年前）

この時代の付加体は、中国地方〜北九州に見られます。当時の日本列島は、中国大陸の東の端にありました。

構成物質としては、砂、泥、チャート（放散虫・珪藻《けいそう》などケイ質の殻をもつ微生物を主とする岩石）、そして玄武岩などです。山口県にある「秋吉台」、広島県にある「帝釈台《たいしゃくだい》」な

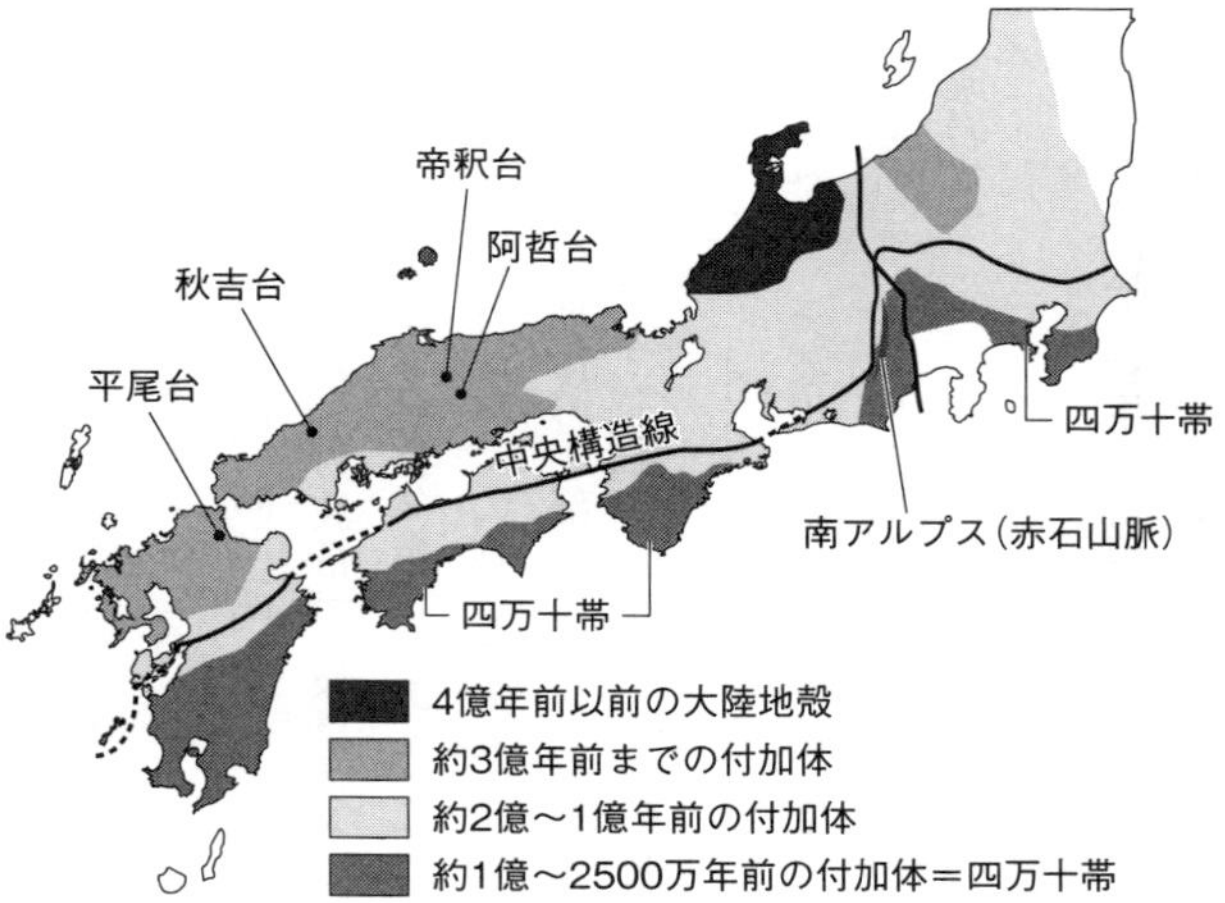

図4-3：日本列島の土台を作った主な付加体（木村学・大木勇人著『図解プレートテクトニクス入門』による図を一部改変）

どの古生代の石灰岩もこの時代のものです。

また、この時代の一部の地層が変成作用を受けて、「三郡《さんぐん》変成岩」と呼ばれる高圧の変成岩になっています。三郡変成岩とは、九州北部から中国地方にかけて分布する結晶片岩が特徴の変成岩で、福岡市東部にある三郡山《さんぐんさん》からつけられました。

中生代ジュラ紀（2億年前～1億4000万年前）

中国地方の東部～中部地方の広範囲に露出し、さらに東北地方・北上山地まで分布している付加体です。

これらは、「ペルム紀付加体」の南

側に広く分布しています。

当時の日本列島は、いくつかの大陸の地塊がシベリア大陸に衝突して最後に巨大なアジア大陸となった、その一部にありました。

構成物質としては、砂、泥、チャート、玄武岩、石灰岩などです。たとえば、京都府と兵庫県に分布する「丹波帯《たんば》」、岐阜県と長野県に分布する「美濃帯《みの》」などと呼ばれる地域で、関東地方には「秩父帯」があります。また、東北地方の北上山地や北海道の渡島《おしま》半島に「ジュラ紀付加体」の地層があります。

その後、付加体の一部が、プレートの沈み込みで地下深く引きずり込まれ、変成岩になったものには、「三波川《さんばがわ》変成岩」があります。これは高圧による変成岩で美しいため、日本庭園の庭石によく用いられています。

ちなみに、三波川変成岩は、関東山地北部の三波川流域が模式地になっていることから付けられました。中央構造線の南側に沿い、帯状に連続分布している結晶片岩を主とする変成岩です。

中生代白亜紀〜新生代古第三期（1億4000万年前〜2300万年前）

九州地方〜関東地方までの1000km以上にわたる地域で成長した付加体があります。

古生代ペルム紀と中生代ジュラ紀の付加帯南東側に露出しています。

南東の位置は大陸から見ると、中央構造線を境として外側になるので、地質学的には「外帯」と呼ばれます。同じ観点から、ペルム紀付加体の地域は内側になるので「内帯」と呼ばれます。

外帯は、主に西日本（西南日本ともいいます）で形成された地層なので、「西南日本外帯」とも呼ばれます。西南日本外帯のうち約1億年より新しい付加帯は、その代表地域である四国・四万十《しまんと》川の名前を取って、「四万十帯」とも呼ばれます（図4-3）。

それらの構成物質としては、大陸から運び込まれた土砂、深海堆積物のチャート、海のプレートに乗って南方からきた玄武岩などがあります。

さらに、北に目を転ずると、付加体の一部が変成してできた、「日高《ひだか》変成岩」が北海道の日高山脈に露出しています。

石灰岩（古生代ペルム紀に当たる約3億～2億年前）

付加体の代表的なものに、「石灰岩」があります。石灰岩は、地上に大量に存在しますが、すべて古代の海中で誕生しました。

山口県の秋吉台、福岡県の平尾台、広島県の帝釈台、岡山県の阿哲《あてつ》台などは、厚さ10

00m近くの石灰岩からできているカルスト台地です（図4-3）。いずれも古生代ペルム紀に当たる約3億〜2億年前に形成されました。
「カルスト台地」とは、石灰岩などの水に溶けやすい岩石でできた台地が、雨水や地下水などの水によって溶かされてできた台地のことです。地下に鍾乳洞《しょうにゅうどう》ができ、鍾乳石や石柱などの独特な地形が見られます。

ここで石灰岩の起源について説明しておきましょう。プレートの中央部の海底にはホットスポットがあり、火山活動をしていることは、第2章で説明しました。ホットスポットでできた火山は、火山島になりますが、プレートの動きとともに移動していきます。この火山島は海の波で削られて上部が平らになり、やがて水没します。これを海山といいます。

海山の頂部では、数多くの生物が群集を作って成育します。生物には、サンゴ、石灰藻《せっかいそう》、コケ虫などがあり、炭酸カルシウムの殻と骨格を持ち、大群落を作ります。これら生物の遺骸《いがい》が、海山を覆う巨大な石灰岩の岩体となり、日本の石灰岩の起源にもなっています。

日本にある石灰岩は、約3億年前から熱帯の海で、海山の上にサンゴ礁《しょう》などの生物礁を形成したものです。それが、約2億年前には海溝に達して、プレートが沈み込むときに付加体として、当時は大陸の一部だった日本列島に付加されました。

南アルプス（中生代白亜紀から新生代中新世までの岩石）

南アルプス（赤石山脈）といえば、富士山に次ぐ日本第2位の高峰「北岳《きただけ》」をはじめ、3000mを超える峰が9座もあります。この南アルプスを構成する岩石の大部分は、海洋プレートに由来する付加体でできています（図4-3）。

南アルプスで最も古い時代の岩石は、「北岳・八本歯のコル」付近の石灰岩で、1億3000万年前にできたと考えられています。

南アルプスでよく見られるのは、地層が板のようにうねっている光景です。これは砂岩や泥岩からなる堆積岩で、地層としては「四万十《しまんと》層群《そうぐん》」と呼ばれています。これは前出の四万十帯の一部です。さらに原岩の堆積岩が熱や圧力を受けてできた、激しく変形した変成岩も見られます。

【問題の解答】
問7　正解：②
〈考え方のポイント〉
ウ：浮遊性有孔虫。石灰岩の成分は、石灰質（炭酸カルシウム $CaCO_3$）です。浮遊性有孔虫の殻の主成分は石灰質で、放散虫の殻の主成分はケイ質 SiO_2 です。

エ：炭酸塩補償深度《たんさんえんほしょうしんど》。石灰質は温度が低いほど、また圧力が高いほど、海水に溶けやすく、石灰質の殻などは、ある深さまで沈むと溶けてしまい堆積しなくなります。その深さを「炭酸塩補償深度」といいます。

「水温躍層《やくそう》」とは、海水温が急激に下がる層のことをいい、これより深い部分は水温が約2℃で一定であり「深層」といいます。水温躍層は水深数百mのところにありますが、炭酸塩補償深度は、現代の太平洋では約1500m、大西洋では約3000mと、もっと深いところにあります。

オ：放散虫。炭酸塩補償深度より深くなると、石灰質は溶けてしまうので、ケイ質の放散虫の殻からなるチャートや、粘土からなる泥岩《でいがん》が形成されます。

問8　正解：②

〈考え方のポイント〉

①誤り：付加体は「逆断層」によって、海洋プレート層序が繰り返し重なり形成されます。

②正しい：海洋プレートは、中央海嶺《かいれい》で吹き出したマグマが冷却したもので、その上にさまざまな付加体が形成されます。

③誤り：四万十帯は、中生代白亜紀〜新生代古第三紀の付加体です。
④誤り：付加体は海洋プレートが動きながら、その一部を次々と付加してできます。したがって、付加体は陸側から海洋側に向かって新しくなります。

3　日本列島の形ができるまで

†日本列島の起源と形成のプロセス

【センター試験問題】

現在のような島弧（弧状列島）になった新第三紀の中ごろの日本の地質に関する文として最も適当なものを、次の①〜④のうちから一つ選べ。
①日本列島が大陸から切り離されたとき、現在の東北日本は時計回りに、西南日本は反時計回りに回転した。

②異なるプレート上にあった現在の北海道西部と北海道東部が衝突し始め、日高帯《ひだか》が形成された。
③活発な火山活動によって火山岩類が形成され、この火山岩類は、その後の変質のため緑色を帯びたことから、緑色片岩《りょくしょくへんがん》と呼ばれる。
④日本海の拡大に関連して海底で熱水噴出が生じ、亜鉛や鉛に富んだ黒鉱鉱床《くろこうこうしょう》が形成された。

（2015年度地学、追試験、第3問、B、問5）

先に、日本列島はユーラシア大陸から分離した、と述べました。また、約7億年前に地球内部からホットプルームが上昇する活動も手伝って、ロディニア超大陸が裂けて日本列島の原型にあたる地塊《ちかい》が誕生した、と紹介しました。

このプロセスにおいて、一体何が起こったのでしょうか。日本列島が今の姿になる過程について、時代ごとに変遷を見ていきたいと思います。

約6000万〜5000万年前

当時の日本列島は、まだアジア大陸の一部でした（図4-4-①）。その原型はどこにあ

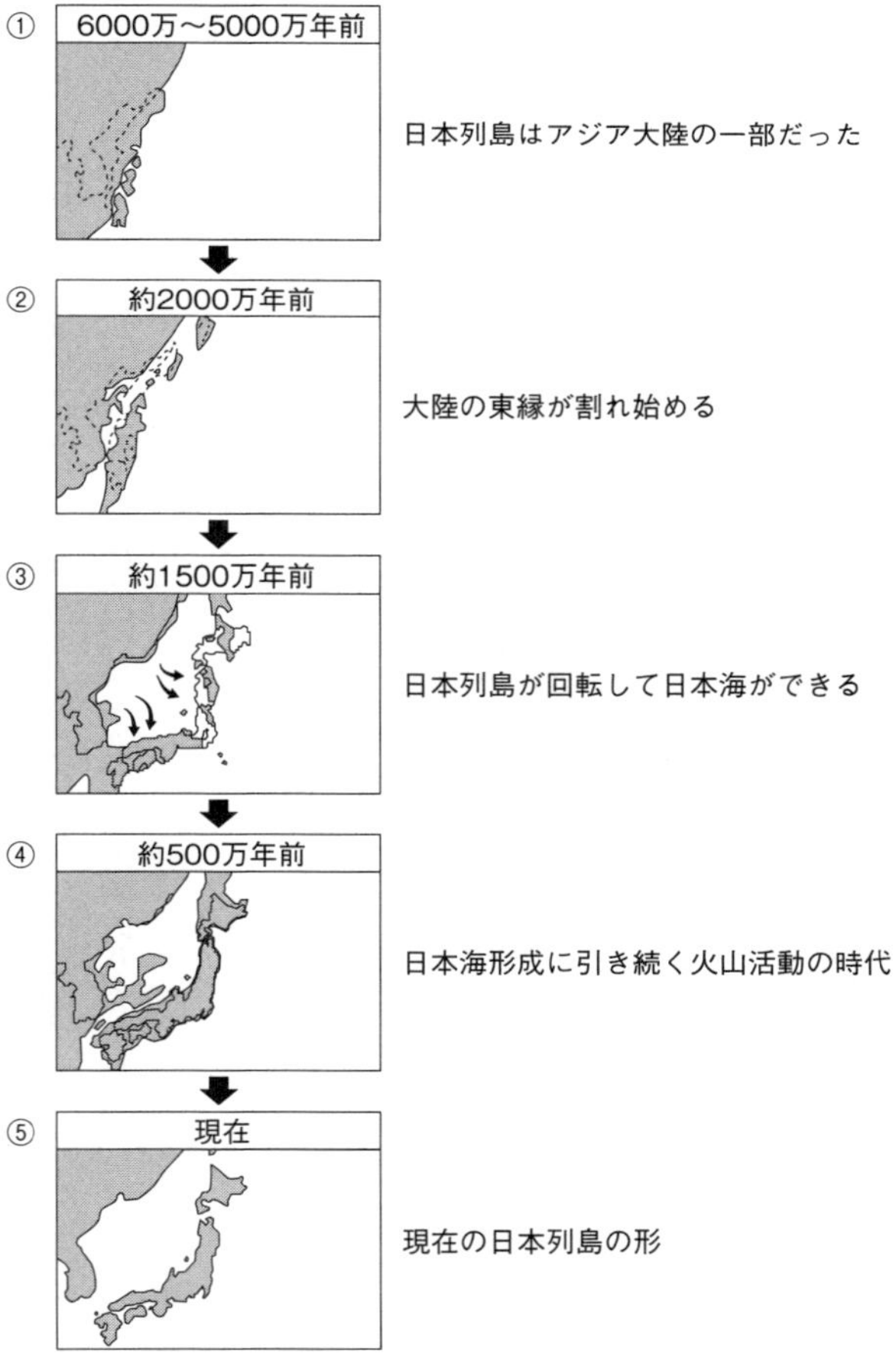

図4-4：日本列島の誕生と変遷。野田・後藤2004年による図を一部改変

ったのかというと、太平洋プレートがユーラシアプレートの下にもぐり込んでいるところに、日本列島も付加体を加えられながら大きくなっていったのです。しかもプレートの沈み込み帯でもあったので、地下では活発なマグマ活動がありました。

約2500万年前

日本列島の前身になる地域のアジア大陸の地塊（大陸地殻の東縁部）に割れ目が入り、やがて広い地域に拡大して低地が生じました。割れ目が入ったということは、陸上に無数の断層が生じたことになります。

断層と断層に挟まれたこの低地には水が入り、大きな湖沼域《こしょういき》となります。このような地域は、断面図として考えると地面が溝状に落ち込んで帯状に広がってできるため、「地溝《ちこう》帯《たい》」と呼ばれています。

約2000万年前

この頃、地球深部から大量の高温物質が上昇し、まだアジア大陸の一部だった日本列島の地殻は東西に引き裂かれました（図4-4-②）。その後の日本列島はアジア大陸から少しずつ引き離されていき、先述の地溝帯（湖）は海と連結し、海水が流入してきます。

約1900万年前

地溝帯で海水が入り込んだ場所の中央部が拡大し、海底の地下からマグマが大量に上ってきて、一部は海底に噴出し、大規模な火山活動が始まりました。この時期の火山活動は同時に激しい地殻変動を引き起こしています。

その後、日本列島は水平方向に引っ張られ、約1500万年前頃から西日本の地塊（西南日本弧といいます）が時計回りに回転し折れ曲がっていく動きが起こりました。また、その頃の日本列島の東半分の地塊（東北日本弧といいます）はほとんどが海に沈んでいましたが、西南日本とは逆に反時計回りに回転していきました（図4-4-③）。

このようにして日本列島の現在の姿の原型ができていきます。そして日本列島が完全にアジア大陸から分離したとき、先述の地溝帯には現在のような「日本海」が誕生しました。

約1200万年前

広域に地殻変動を引き起こしていた激しい火山活動がやみ、海底がゆっくりと沈み始めました。その結果、日本海は水深1000m以上の深い海になっていきます。

約500万年～300万年前

海底が沈降《ちんこう》し日本海が深くなったのと対照的に、日本列島は次第に隆起《りゅうき》を始めます（図4-4-④）。この時代に今とほとんど同じ広さの陸地が生まれ、現在見られるような火山性の「弧状列島《こじょうれっとう》」（島弧《とうこ》）が完成したのです。なお、弓のように弧状に湾曲《わんきょく》して島々が連なるため、弧状列島と名付けられました。

日本列島は、千島弧、東北日本弧、伊豆・ボニン・マリアナ島弧、西南日本弧、琉球弧という5つの弧で構成されています。また、弧状列島とほぼ平行して海洋側には必ず海溝があり、弧状列島と大陸との間には、半ば閉ざされた小さな海（「縁海《えんかい》」といいます）が存在します。具体的には、千島弧の縁海はオホーツク海であり、東北日本弧と西南日本弧の縁海は日本海です。

さらに、伊豆・ボニン・マリアナ島弧の背後には「マリアナトラフ」という海域があり、琉球弧の背後には「沖縄トラフ」という海域があります。どちらもサイズが小さいので縁海とは呼ばれません。

【問題の解答】

正解：④

〈考え方のポイント〉

①誤り：回転の方向が逆です。東北日本は反時計回りに、西南日本は時計回りに回転しました。

②誤り：北海道西部はユーラシアプレート上にあり、北海道東部はオホーツクプレート上にありました。この2つのプレートは、古第三紀（6500万〜2300万年前）に衝突して「日高帯」が形成されました。日本列島が島弧になった頃（およそ2000万年前）、すなわち新第三紀にはすでに形成されていましたので、時代区分が誤っています。

③誤り：「緑色片岩」は広域変成作用により形成された結晶片岩の一種で、この文章とは違います。この頃の火山活動により形成された火山岩類で、熱水により変質して緑色を帯びたものは、「緑色凝灰岩《りょくしょくぎょうかいがん》（グリーンタフ）」と呼ばれる岩石です。

④正しい

†フォッサマグナとは何か

西南日本と東北日本の原型は逆方向に回転したと先に述べましたが、両者の間には巨大な溝ができました（図4-5）。この溝は「フォッサマグナ地域」と呼ばれ、現在もきわめ

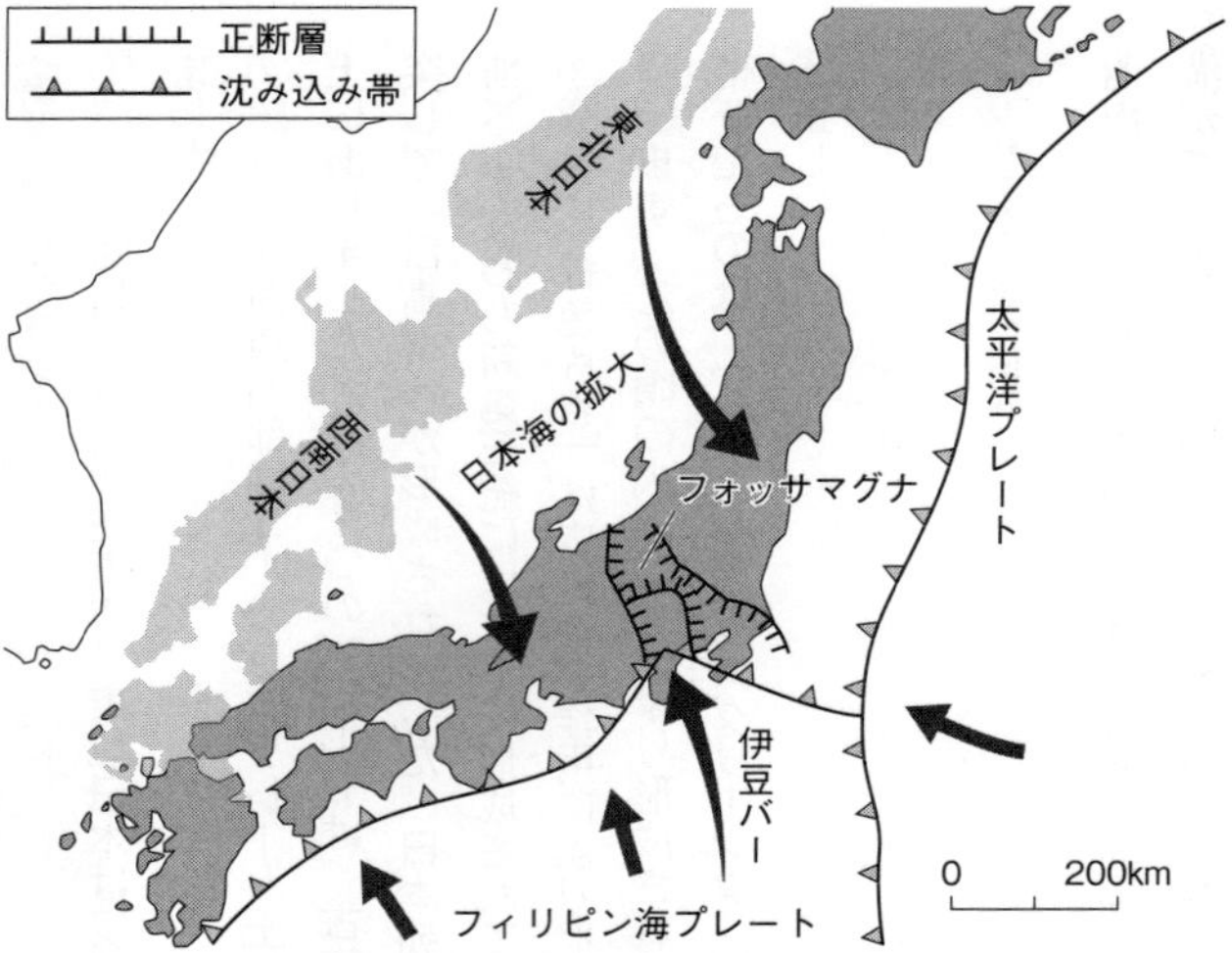

図4-5：1500万年前の日本海の開裂とフォッサマグナの形成、伊豆バーの衝突（高橋雅紀2008年原図、日本地質学会編『日本地方地質誌３　関東地方』朝倉書店による図を一部改変）

て活動的な地域です。

フォッサマグナとは、「大きな溝」という意味で、名付けたのは明治政府に招かれたドイツの地質学者ハインリッヒ・エドムント・ナウマン（1854―1927年）です。ちなみに「ナウマンゾウ」の名前は、日本でゾウの化石を初めて研究した、ナウマンにちなんで名付けられました。

日本列島の東側には、太平洋プレートがあり、フィリピン海プレートの下にも沈み込んでいます。どちらも同じ海洋プレートですが、太平洋プレートのほうが古く重いので、さらに下方へ沈み込んでいるのです。

ちなみに、東日本大震災の原因になった巨大地震は、この太平洋プレートが北米プレートの下へ沈み込んでいる場所で、北米プレートが弾かれることで起こりました。千年に一度の大事件で、「大地変動の時代」が始まってしまったのです。

フィリピン海プレートの東端付近では、火山性の地殻が衝突しています。これは海洋プレートとしては珍しいことで、「伊豆バー」と呼んでいます（図4-5参照）。ちなみに、東京都に属する伊豆諸島はいずれも火山島として知られており、この伊豆バーを構成する活火山が多く含まれています。

†活火山を背骨とする日本列島

150万年ほど前になると、西南日本弧（ユーラシアプレートの一部）に向かって沈み込んでいるフィリピン海プレートの進行方向が変化しました。それまで北北西に進んでいたプレートが、およそ30度角度を変えて西北西に向かうようになったのです。

それに連動して西南日本弧の火山活動が変化しました。地上の火山は、沈み込んだプレートが100〜150kmの深さに達したところに出現します。プレートが沈み込んだ場所（海溝）と、ほぼ平行して火山が列を作るのです。こうして日本列島の延びる方向に沿って、西南日本弧では150万年ほど前から「火山フロント」と呼ばれる活火山の列ができました。

火山フロントは、海溝と並行して分布する活動的な火山帯の中で、最も海溝に近い火山列として定義されています。日本地図上で活火山の分布図を見ると、ちょうどフォッサマグナを境として、2つの火山フロントが分断されているようにも読み取れます。

日本列島の特徴をまとめると、以下のようになります。火山性の「弧状列島」は、海洋プレートが大陸プレートに沈み込む縁にでき、列島と並行して海洋側には必ず「海溝」があり、さらに弧状列島と大陸との間に「縁海」ができます。

日本列島の場合は、北から千島海溝、日本海溝、伊豆・小笠原海溝、琉球海溝といった海溝が沈み込みによって形成され、また、縁海としては日本海が、背弧《はいこ》側すなわち東北日本弧と西南日本弧の大陸側に形成されています。

†プレート運動が各地の地形を作った

日本列島を隆起させて、本州に北アルプス(飛驒山脈)や南アルプス(赤石山脈)などの中部山岳地帯を作ったのは、海洋プレートの運動です。

600万年ほど前にフィリピン海プレートの動きが活発になり、プレートの沈み込み速度が上昇しました。現在の伊豆半島はプレートの一部（伊豆バー）として太平洋上にあったのですが、この速度の変化によってしばらく後に本州へ衝突することになります。

衝突してどうなったかというと、伊豆バーは比較的軽い物質でできていたため本州の下へ沈み込めず、丹沢《たんざわ》山地と南アルプスを押し上げました。

その後、約100万年前以降には、太平洋プレートの動きが活発化します。北米プレートの下へ沈み込むスピードが速くなり、その影響で中央構造線などの日本全国にある構造線が活動を再開したため、北アルプスなどが隆起し始めたといわれています。

ちなみに、「構造線」とは、断層の大規模なものをいいます。「中央構造線」は、世界的にも第一級といえる巨大な断層で、フォッサマグナを命名したドイツの地質学者ナウマンが命名しました。九州の八代《やつしろ》から四国、本州の伊勢、長野県諏訪湖付近までは地表に見られます。そこから先は、群馬県下仁田町で確認されている大断層です。白亜紀中期頃に形成が始まり、約600万年前から右横ずれ断層運動を開始し、現在まで継続しています。

実は、北アルプスは巨大な火山の集まりです。立山《たてやま》や焼岳《やけだけ》は現在も活動する活火山です。それに対して槍《やり》ヶ岳《がたけ》や穂高《ほたか》連峰《れんぽう》は、巨大火山の噴火口の跡にできた山岳だったのです。

これら槍ヶ岳と穂高連峰そして上高地《かみこうち》は、すべて巨大な「カルデラ」の中に含まれています。カルデラとは、大量のマグマが噴出してできるくぼ地で、「マグマの抜け殻《がら》」といえるものです。

その後プレート運動による大規模な隆起が起こり、中部山岳地帯は３０００ｍ級の山々になりました。槍ヶ岳と穂高連峰のあるカルデラも含めて、こうした広域の隆起が何十万年もかけて起こったのです。

4　日本列島の特徴

†火山活動が地上に残す爪痕

ここまで駆け足で見てきたとおり、日本列島は、それを取り囲む４つのプレートの相互の運動によって、世界屈指の火山列島として存在しています。私たちは避けることのできない火山活動に備え、噴火災害を想定した日常生活や経済活動を考える必要があります。

噴火の際はマグマだけでなく、高温のガスや火山灰、軽石、岩のかけらなどが噴出します。これらの噴出物が高速で山の斜面を流れ下る現象に、「火砕流」があります（図2-12参照）。

たとえば、１９９１年の長崎県雲仙普賢岳《うんぜんふげんだけ》の噴火で高温の火砕流が発生し、麓《ふもと》にいた43名が亡くなりました。テレビで映像も報じられましたので見たことがある読者も多いでしょう。

火山学では地上に残される火山の噴火跡のうち、直径が2km以上のものを「カルデラ」、それ以下のものを「火口」と分けています。日本列島にある活動的な巨大カルデラ火山として、これまで8個が確認されています（図4-6）。最近の（といっても10万年以内ですが）噴火により、大規模な火砕流を伴って形成されたカルデラです。

平均すると日本列島では、カルデラができるほどの巨大噴火はおよそ7000年に1度の頻度で起きてきました。最後の巨大噴火は7300年前でしたから（図4-6の鬼界《きかい》カルデラ）、こうした「7000年に1度」という物差しで考えると、次の噴火がいつ起こっても不思議ではありません。

とはいえ、巨大噴火は突然始まることはなく、たいていは前兆として小さな噴火が先行することがほとんどです。たとえば火山灰や溶岩を噴出したあとに、大規模な火砕流が出ることが考えられます。日本列島の住人は、「いつか」必ず起こる噴火に備えて、火山と共存していくという意識が必要なのです。

✝火山と共存するための心構え

日本には現在111個の活火山があります。その中で、2011年に起きた東日本大震

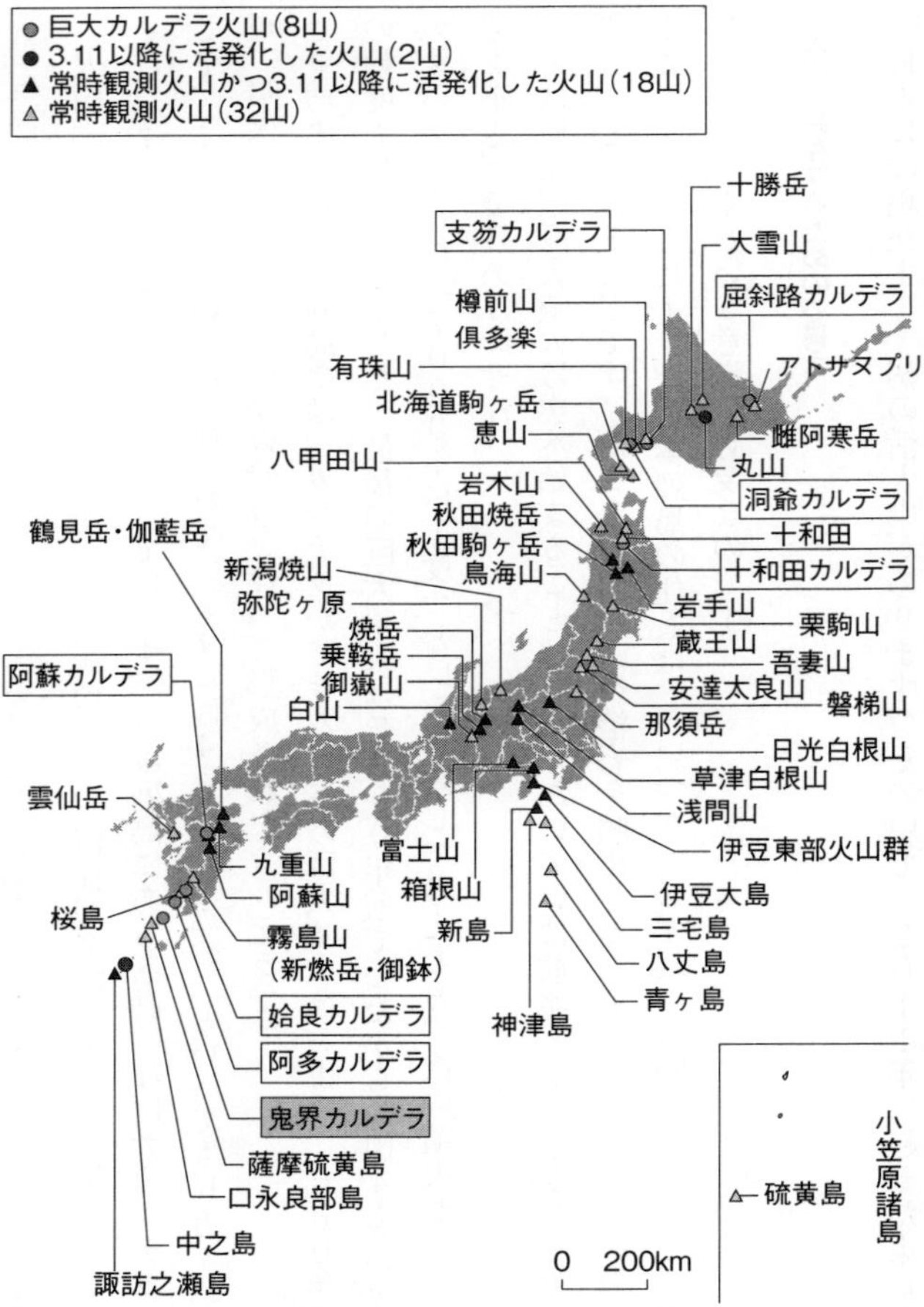

図 4-6：日本列島の巨大カルデラ火山、常時観測火山など（気象庁のデータを基に筆者作成）

災の直後に、直下で小さな地震を起こし始めた火山が20個ほどもあります（図4-6で、色が濃い方の▲と●の火山）。その原因は、東日本大震災を引き起こした大地震によって、それまで地盤にかかっていた力が変化し、マグマの動きを活発化させたためと考えられます。

こうして火山の動きを読み取ったり予測したりできるのは、特に噴火の可能性が高いものを「常時観測火山」として、24時間態勢で観測を続けているからです。常時観測火山は現在50個ほどあり、気象庁のホームページで最新の活動状況が公開されています（図4-6参照）。

火山の活動状況を随時監視する態勢は既に整っています。したがって、噴火の前兆が確認されたとき迅速《じんそく》に的確な避難行動ができるように、どう準備するのか、どう実行するのかをあらかじめ決めておくことが大切です。

活火山の近隣の自治体では、噴火災害に備えたハザードマップ（災害予測地図）が作成されています。普段からこれらを見て火山ごとに異なる噴火の具体例を知り、将来の災害に備えておく必要があります。

†富士山が世界にも稀な火山であるワケ

日本の活火山の代表として最も注目すべきは富士山です。プレート運動という観点でも、富士山は世界中を探しても他に例を見ないほど珍しい場所にできた巨大な火山です。

富士山は海洋プレートの太平洋プレートが、同じく海洋プレートのフィリピン海プレートの下に沈み込む活火山の列（伊豆バー）の先端に位置しています。地下ではフィリピン海プレートが2つに割れて、大量のマグマが上昇しやすい状況になっています。このため同一の地域にマグマが噴出しつづけ、日本一大きい火山体が形成されました。そのおかげで富士山は広い裾野《すその》を持ち、美しい姿になったのです。

富士山は江戸時代の1707年に大規模な噴火を起こした活火山でもあります。歴史記録を調べると、富士山は約50年〜100年ごとに噴火を繰り返してきました。ところが最後の噴火から300年も噴火していないので、いつ噴火しても不思議ではない状況なのです（詳しくは拙著『富士山噴火と南海トラフ』講談社ブルーバックスを参照してください）。

富士山はできてから約10万年、火山の一生を考えるとまだまだ若者ですから、その意味でも「活火山」の一つとして認識し、近い将来の噴火に備えておく必要があるのです。

†西南日本が警戒すべき巨大断層・南海トラフとは

【センター試験問題】

火山とマグマに関する次の文章を読み、下の問い（問1）に答えよ。

日本列島における第四紀の火山は帯状の分布をしており、東北日本では日本海溝と、西南日本では（ア）と、それぞれほぼ平行である。この帯状の分布は海溝から一定の距離だけ離れており、その海溝側の端をつないだ線は（イ）とよばれている。島弧の下のマントルで生じたマグマは、地殻内を上昇し、ある深度でマグマだまりをつくる。マグマだまりでは結晶分化作用によってマグマの組成が変化することがある。

問1　上の文章中の（ア）・（イ）に入れる語の組合せとして最も適当なものを、次の①～④のうちから一つ選べ。

	ア	イ
①	南海トラフ	火山フロント
②	南海トラフ	和達《わだち》―ベニオフ帯
③	伊豆・小笠原海溝	火山フロント
④	伊豆・小笠原海溝	和達―ベニオフ帯

（2017年度地学、追試験　第2問、A、問1）

日本列島は、4つのプレートがひしめく特殊な環境にあるということは、繰り返し述べてきたとおりです。その中の2つ、海洋プレートのフィリピン海プレートが、大陸プレートであるユーラシアプレートの下にもぐり込んでいる場所が、西南日本弧の太平洋側に横たわっています。深さ4000mもある巨大な溝が、伊豆半島の南西の駿河湾から九州の沖合にまで延々とのびているのです。

全長700㎞にも及ぶ巨大な断層が、日本列島の西半分の海域に横たわっているといっていいでしょう。これは、近い将来間違いなく巨大地震を引き起こす危険な地帯で、十全な警戒をすべきエリアです。どのように危険なのかを、順を追って解説しましょう。

西日本の太平洋側に位置するこの巨大な溝を「南海トラフ」といいます（図4-1参照）。海底にできた溝のことは海溝と呼びますが、「トラフ」とは、海底にできた細長い盆地のことです。なお、6000mより深くて切り込んだ地形を持つものを海溝、6000mより浅くて盆状の地形からなるものをトラフと呼び分けています。ちなみに、東日本の太平洋側に位置する日本海溝は8000m以上もの深さがあります。

プレートが沈み込む場所はいわば巨大な断層ですから、巨大地震が起こりやすいのです。東日本大震災を引き起こした1000年に一度と言われる巨大地震が、太平洋プレートと北米プレートの境界で起こったことを思い出してください。このメカニズムを考えると、南海トラフでも、プレートの跳ね上がりによる「海の巨大地震」がいずれ起こることが容易に予測できるのです。

この南海トラフに沿って、巨大地震が起こる震源域が、東海・東南海・南海とエリア別に3つ見つかっています。地震の発生する周期についても、過去の記録を照合することで、90～150年間隔と算出することができます（図4-7）。

具体的な事例で、南海トラフ地域の巨大地震の起き方を見てみると、前回に起きたのは昭和東南海地震（1944年）と、昭和南海地震（1946年）が、2年間の時間差で発生しました。

前々回には、幕末期の1854年（安政元年）に、東南海・南海の同じ場所が32時間差で活動しました。さらに、3回前の江戸時代中期の1707年（宝永4年）には、東海・東南海・南海と3つの場所が数十秒のうちに活動したと考えられています（図4-7）。

このように東海地震、東南海地震、南海地震の3つの震源域では、約100年おきに、時間差で連続して活動が起こることがわかります。さらに、3回に1回は3つの震源で同時に起こっており、次に起こる地震がその3回に1回の順番になるのです。すなわち、東海・東南海・南海の3つの地震が同時発生する「連動型地震」という巨大災害を起こすシ

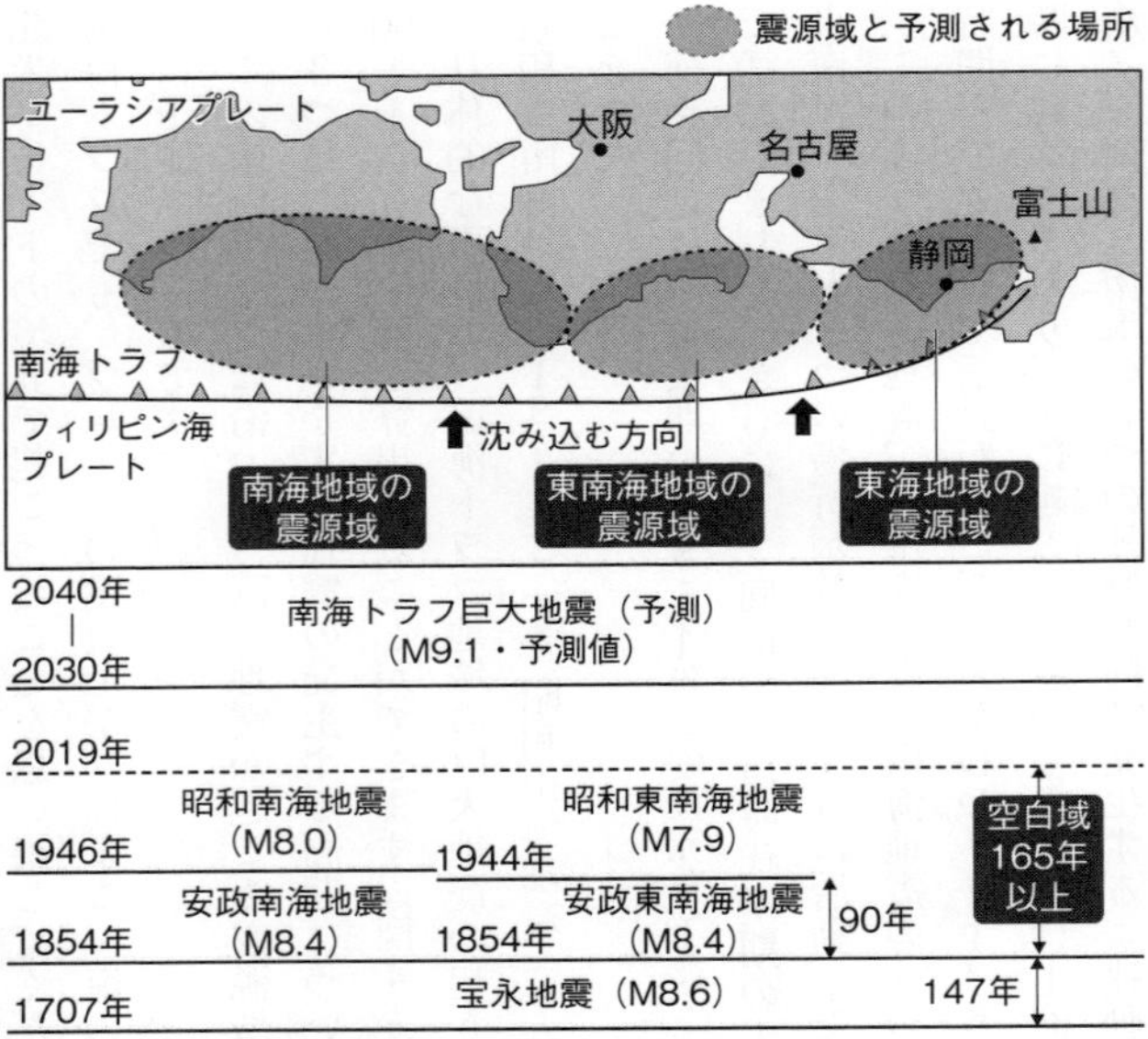

図4-7：南海トラフと予想される震源地、過去の巨大地震

ナリオになります。

次に地震の規模を示すマグニチュードを見てみましょう。300年ほど前に起きた連動型地震の宝永地震（1707年）の規模は、M8・6を超えるものでした。また、887年に起こった仁和《にんな》地震は、古文書の記録からM9クラスであったと推定されています。ちなみに、M（マグニチュード）が1増えると、地震のエネルギーは32倍になります。報道などでこの値を見るときのためにも覚えておきましょう。

こうした連動型地震の起きる時期について、過去の経験則やシミュレーションの結果から、地震学者たちは2030年代には次の「南海トラフ巨大地震」が起きると予測しています。私自身も2040年までには確実に起きると考えていますので、この場でも強調しておきたいと思います。

【問題の解答】
問1　正解：①
〈考え方のポイント〉
ア：西南日本の火山分布は、南海トラフとほぼ平行に走っている。
イ：火山分布の海溝側の限界線を火山フロントという。

†九州にも「地震の巣」がある

さて、2016年4月に起こった熊本地震は、前代未聞の大きな被害をもたらした直下型地震でした（図2-11参照）。直下型地震とは、内陸部にある活断層で発生する震源の浅い地震のことです。震源が浅く、人が住んでいる直下で起こると大きな被害をもたらすの

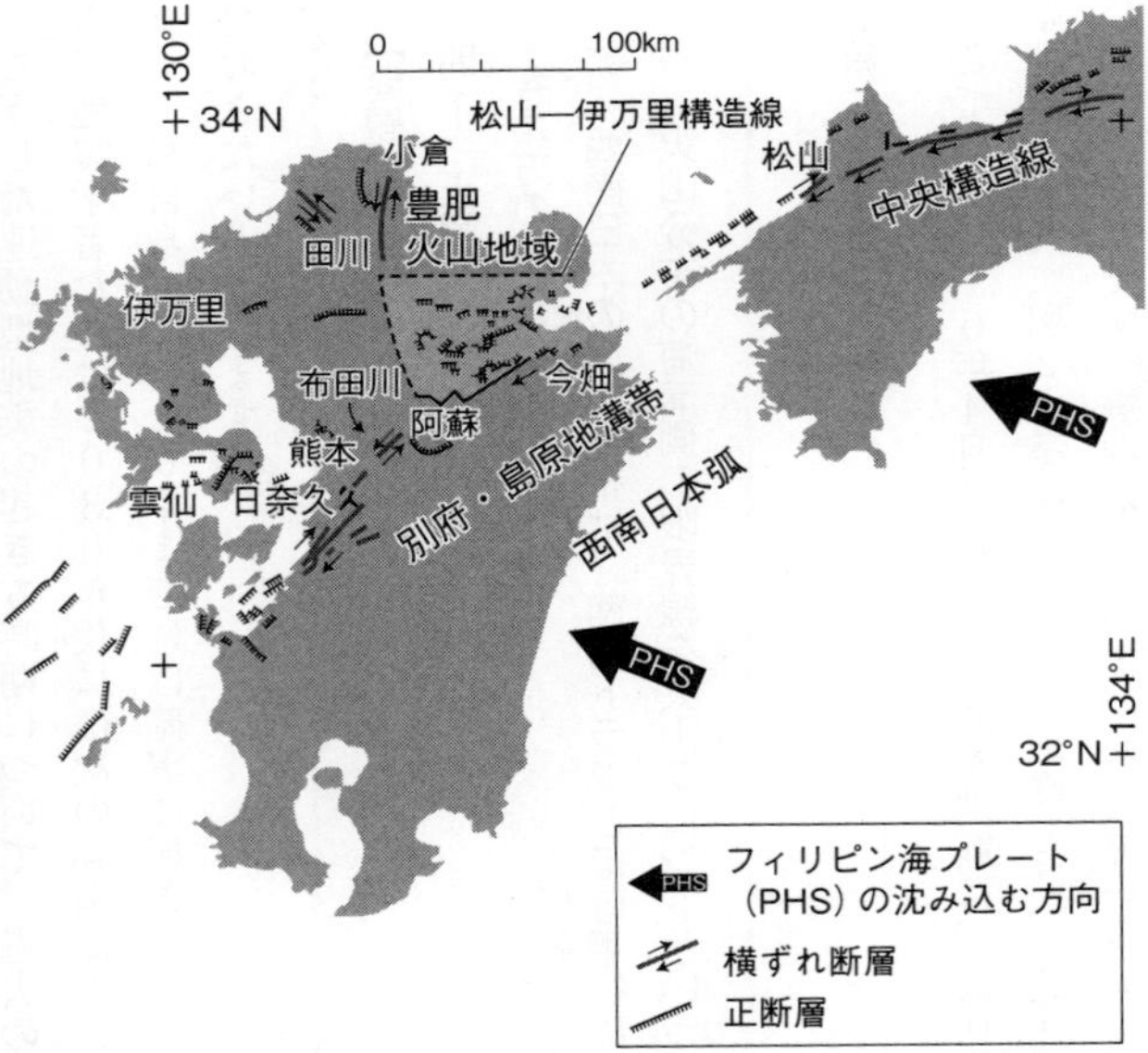

図4-8：西南日本の地質構造と主な断層帯。大分の別府湾から阿蘇火山にかけての地域は活火山が多く、極めて特異な地質構造を持っている（豊肥火山地域）

です。

2016年熊本地震では、4月14日に起こったマグニチュード6・5の「前震」に続き、4月16日未明にはマグニチュード7・3の「本震」が起きました。しかも、4月15日には、マグニチュード6・4という大きな「余震」も起こっています。

前震の震源地になったのは、布田川《ふたがわ》断層帯と日奈久《ひなぐ》断層帯という

2つの断層群がある地域でした（図4-8）。地面が水平に動く「横ずれ断層」で、この地域では普通に見られる活断層です。

地質学的には、九州中部を北東―南西方向に横断する「大分―熊本構造線」という地質構造に沿ってできた、活断層群の一部といえます。中部九州は、この地域全体が南北に引っ張られているという、日本列島の中でも特殊な地域なのです。

また、火山に注目してみると、別府―島原地溝帯の中でも別府湾から阿蘇火山にかけての東半分は、古くから絶え間なく地震と火山の噴火を繰り返してきた、かなり特異な火山構造性陥没地です。よって、かつて私はこの地域を「豊肥《ほうひ》火山地域」と名付けました。

もともと、中部九州地域には特殊な地質構造が隠れており、私は長年ここを研究対象にしてきました。1987年には、この地域の地質的な構造をテーマにした東京大学博士論文（「中部九州における火山構造性陥没地の形成発達史と地質構造」英文、全336ページ）を書いています。大分―熊本構造線が、日本列島をほぼ縦断する大断層である「中央構造線」の西の延長であることを、私はこの博士論文で明らかにしたのです。自分が書いたとおりに地震と噴火が現実に発生し、私はとても驚きました。

実は、この大分―熊本構造線は、熊本地震の原因を説明する上で、また今後の活動を予測する上でも、最も重要になります（詳しくは拙著『日本の地下で何が起きているのか』岩波科学ライブラリーを参照してください)。

このように九州にも、注目すべき「地震の巣」が多数あるのです。しかも火山構造性陥没地の活動では、地震と噴火が互いに誘発し合うという特徴があります。したがって、この地域では今後数十年にわたり、活断層と活火山の両方について警戒が必要になります。

†液状化現象という二次被害

【センター試験問題】

日本の沿岸部での自然災害に関する文として最も適当なものを、次の①〜④のうちから一つ選べ。

①海底下での断層運動の開始を事前に予測して、緊急地震速報が発表される。
②沖合で発生した津波が海岸付近に近づいても、津波の高さは変わらない。
③水を多く含んだ砂層では、地震動により液状化(液状化現象)が起こることがある。
④台風が近づくと、気圧の上昇によって海面が異常に高くなることがある。

(2016年度地学基礎、本試験、第1問、A、問2)

「液状化現象」とは、水を含んだ砂地盤に強い地震が起こると、地層自体が液体状になる現象です。発生しやすい場所は、地下水位が高く、ゆるく堆積した砂の地盤からなる埋立《うめたて》地《ち》、干拓地、海岸沿いの低湿地ですが、内陸の平野地域でも発生することがあります。強い揺れによる液状化によって地盤は強度を失い、重い建物は沈下し、軽い建物は浮き上がったりします。また、傾いた地盤では、建物も傾いたり傾斜にそってすべり落ちたりします。

メカニズムとしては図4-9で示すように、以下の順で進みます。

a　砂粒子と水と空気でできたゆるい地盤
b　地震で液状化すると、砂の全粒子がバラバラになり水に浮いた状態になる
c　下部では液状化は終了したが、上部は液状化が続いている
d　水が分離し地上に水が吹き出す。液状化の終了

1964年の新潟地震では、日本で初めて地震による液状化現象が問題になりました。特に新潟市では、埋め立てられた信濃《しなの》川《がわ》の旧河川敷で被害が多発しました。3、4階建て

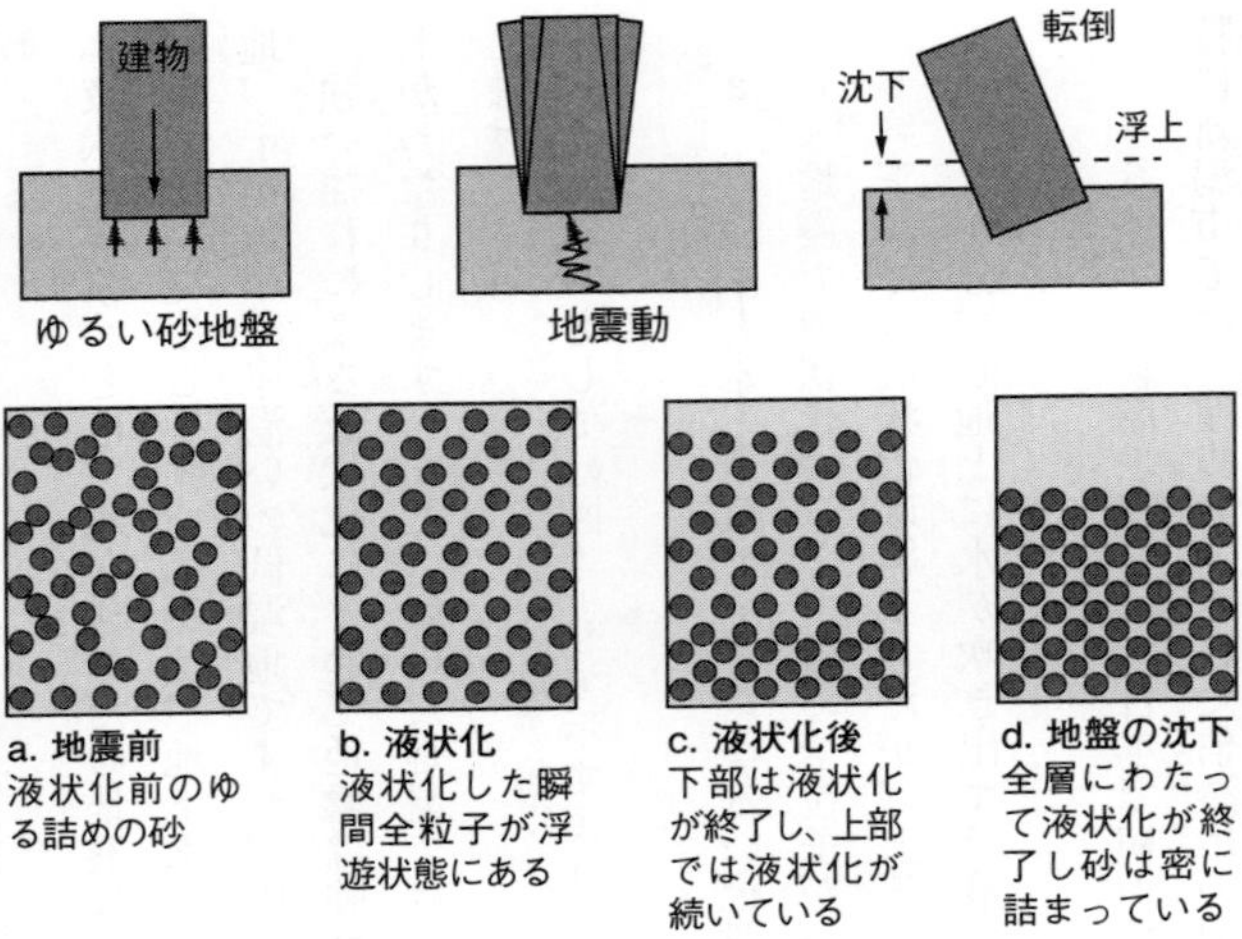

a. 地震前
液状化前のゆる詰めの砂
b. 液状化
液状化した瞬間全粒子が浮遊状態にある
c. 液状化後
下部は液状化が終了し、上部では液状化が続いている
d. 地盤の沈下
全層にわたって液状化が終了し砂は密に詰まっている

図4-9：液状化現象が起こるときの地盤の模式図（平塚市博物館〈2007〉による図を一部改変）

のアパートが横倒しになり、新しい橋の橋げたが落下しました。日本全国で沿岸部での埋め立てが盛んに行われていたため、その後の都市づくりに大きな影響を与えたのです。

　また東日本大震災では、千葉県や埼玉県の内陸部でも、沼や水田を埋め立てた地域で被害がありました。最近では2018年北海道胆振《いぶり》東部地震でも、液状化の大きな被害がありました（図2-11参照）。

†津波の発生するメカニズム

海底で起こる大地震、地すべり、

海底火山などにより、海底が隆起もしくは沈降します。これらの原因によって海面が上下に変動して、大きな波となるのが「津波」です。津波の大きさは、海底の上下方向の動きの規模に比例します。また津波の伝わるスピードは、水深が深いところほど速く、浅いほど遅くなるという性質があります。

2011年の東日本大震災では、東北地方から北関東にかけて太平洋岸全体に巨大津波が押し寄せ、壊滅的な被害を各地にもたらしました。岩手県宮古市では津波が陸に押し寄せ40mを超える高さまで駆け上がり（遡上《そじょう》といいます）、本州で観測された最大の記録になりました。

【問題の解答】

問2　正解：③

〈考え方のポイント〉

①誤り：今の科学では、断層運動の開始を事前に予測することはできません。緊急地震速報は、震源に近い複数の観測点にP波が観測されてから発表されます。

②誤り：津波は、海底の大地震などが原因で起こります。海水全体が震動するため、海岸付近の浅いところでは、速度が遅くなり波の高さは高くなることもあります。

③正しい
④誤り：台風が近づくと気圧は低下します。気圧の低下などにより、海面が異常に高くなる「高潮《たかしお》」は要注意です。

第 5 章

動く大気・動く海洋の構造

2017年9月に日本列島に近づいた台風18号は最盛期を迎え、中心気圧が935ヘクトパスカルまで下がった。衛星画像では中心に台風の目が見え、その周囲を雲の渦が勢いよく取り巻いている（2017年9月14日午後9時の気象庁ホームページから）

1　地球を覆う大気の構造

ここまで、主に足元の地球に注目してその活動や構造について見てきました。地学は地球について学ぶ学問ですが、実は地下だけを学んで終わりではありません。視点をより高く設定すると、私たちが今存在している地上、海、大気まで関連し、さらには宇宙のなかの地球という位置づけも含めて、すべて地学の研究対象になります。

まずはより身近な、大気のつくる気象から見ていくことにしましょう。

✝大気が気象の「決め手」となる

私たちは日々の生活の中で、晴れ、曇り、雨といった気象や空模様を気にして暮らしています。あるいは地球全体の気候という視点で見れば、熱帯から寒帯まで、世界各地ではその緯度によって変化に富んだ気候を示します。

たとえば私たちの住む日本列島は、春夏秋冬と同じ地点でも四季によって気候が変化しますが、これらの気象や気候の変化は、すべて地球を取り巻く大気が作り出しています。

大気中の水分は雨や雪と密接に関係しており、台風や豪雨などの災害を引き起こす危険性を含んでいます。こういった自然災害を未然に防ぐためには、地球上の大気がどのような構造をもって動いているかを知っておくことは大変に重要です。

地球の大気の構成要素を割合の大きいものから見ていくと、約80％が窒素《ちっそ》（N_2）、約20％が酸素（O_2）となっています。これだけで大気の大半を占めていますが、ほかにも微量ですが名前を聞いたことがある気体を含んでいます。それらは1〜3％の水蒸気、約1％のアルゴン、0・04％の二酸化炭素です。

水蒸気や二酸化炭素は、窒素や酸素に比べると割合ははるかに少ないですが、後述するように温室効果をもつ気体であり、地球の気象を考えるうえで大きな影響を及ぼしています。

†大気はどのような構造をしているか

前項で「大気の構成要素」を確認しました。ここでは、地球の内部を「地殻《ちかく》・マントル・核」と分類したように、大気の構造を見ていきたいと思います。

大気にも同様の層構造があって、地上からどのくらい離れているかでその温度が変化していきます。大まかに、次の4つの層に分かれています（図5-1）。

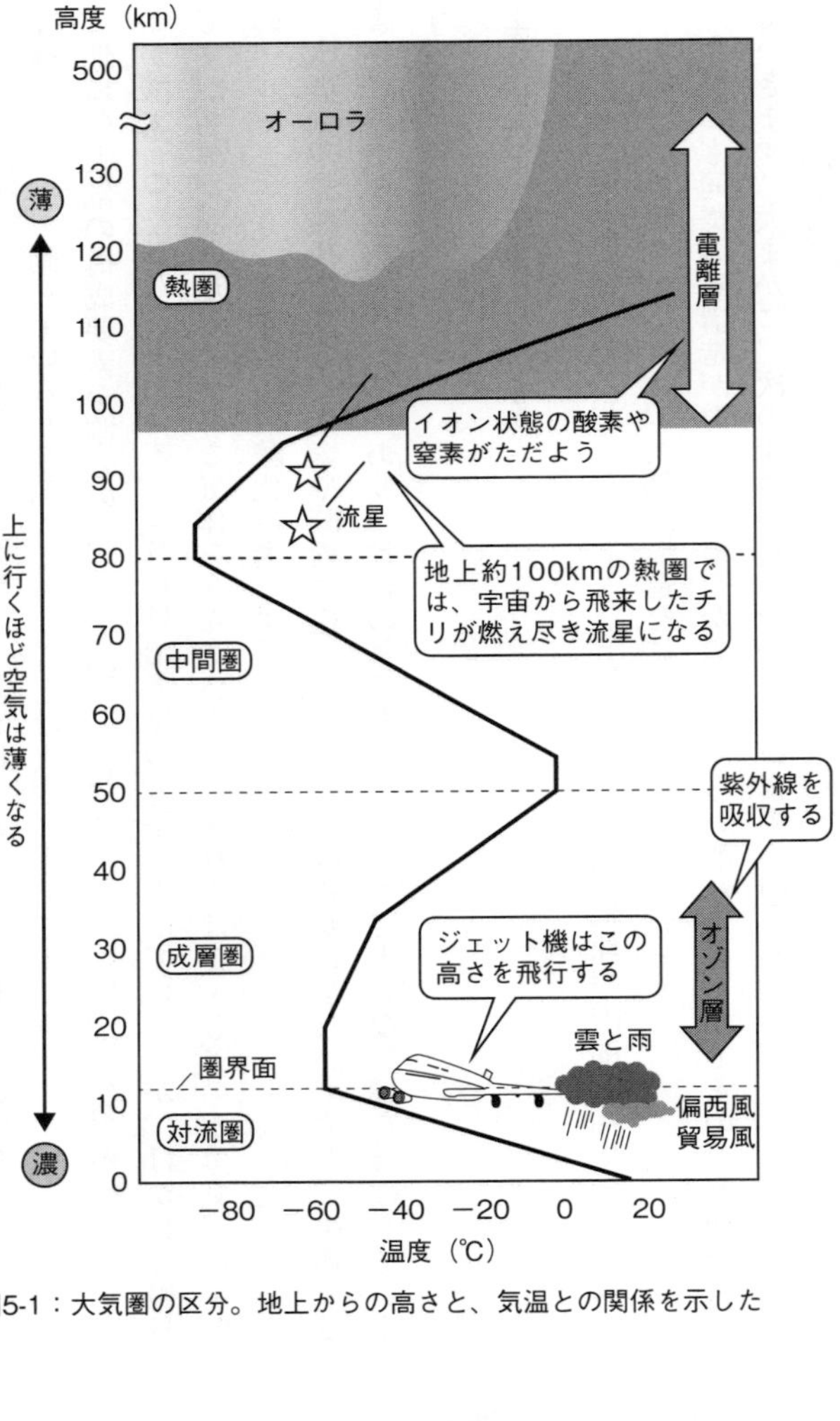

図5-1：大気圏の区分。地上からの高さと、気温との関係を示した

①対流圏

地上から11kmぐらいまでの層を「対流圏」と呼び、大気の全質量の約8割を占めています。

対流圏では、その名が示すとおり空気が上下に対流しています。地表付近の大気には水分が多く含まれ、水が蒸発すると水蒸気になって上昇します。それが地上から上空にいくにつれて雲を作ったりその雲から雨を降らせたりして、水が循環しています。対流圏におけるこのような働きが、気象を作っているのです。

対流圏においては、大気は垂直方向だけでなく、水平方向にも循環しています。この水平方向の大気の流れを「気流」と呼びます。日本やニュージーランドなどの中緯度地方には、常に強い西風が吹いており、これを「偏西風《へんせいふう》（西風）」と呼びます。なお、偏西風の強い部分は「ジェット気流」とも呼ばれています。また、赤道付近では東風が吹くことが多く、これを「貿易風（東風）」と呼びます。貿易風は、地球が自転しているために生じる強い横風です。ちなみに、雲の上を飛ぶジェット機は、偏西風と貿易風を利用しています。

対流圏とその上の層の成層圏の境を「圏界面《けんかいめん》」といいます。対流圏の気温は、太陽放射で加熱される地表付近で高く、高度が上がるほど低くなり圏界面で最小になります。

②成層圏

高度約11kmから50kmぐらいまでの層で、対流圏ほどの循環がみられず、比較的安定している層といえるでしょう。

山に登ると、上へ行けば行くほど寒くなるという体験をしたことのある読者もいるでしょう。およそ100m上がるごとに、0・65℃ずつ低くなることがわかっています。

成層圏では、対流圏とは逆に上空に行くほど温度が高くなります。成層圏には水分はないので、対流圏とは大気の動きが異なっているのです。ほかにも対流圏と異なる点としては、通常の酸素分子（O_2）に酸素がもう1つ付いたオゾン（O_3）という物質を多く含む「オゾン層」があることです。

オゾン分子は太陽からの紫外線を吸収して大気を加熱する性質があります。このため、成層圏では上空に行けば行くほど温度が高くなるのです。

オゾン層は高度約20kmから30kmぐらいまでの高さにあり、紫外線を吸収するという意味では、生物にとって有害な電磁波が地上に届くのを防ぐ大変重要な「防御壁」でもあります。

しかし、1980年代になって、オゾン層のオゾンが減少していることが観測されるようになりました。オゾンは、冷蔵庫やスプレーで用いられるフロンガスなどの化学物質によって分解される性質があるのです。このオゾン破壊の原因であるフロンガスはなかなか分解されないため、深刻な事態といえます。

成層圏は、対流圏よりは安定しているとはいえ、空気の流れはあります。成層圏の下層は、対流圏に吹いている偏西風の影響で、西風が吹きます。これに対し、成層圏の中層と上層では、地上における気圧の変化の影響を受けています。一般的には夏季は成層圏でも東風が吹き、冬季では西風が吹いています。

③中間圏

高度約50kmから80kmぐらいまでの層で、成層圏の上に位置しています。

この層では、高度とともに気温は低下していきます。成層圏と中間圏は合わせて「中層大気」と呼ばれています。

④熱圏

高度約80kmから500kmぐらいまでの層。

熱圏では、中間圏とともに、高度が上がるほど大気はどんどん薄くなっていきます。高度の上昇とともに気温も上昇し、高度200km以上になると600℃を超えます。

熱圏には、陽イオンと陰イオンというイオン状態に電離《でんり》した酸素や窒素がただよう「電離層」が複数あります。高度100kmから300kmの場所にあり、地上からの電波を反射する働きをするため、ラジオなどの通信に利用されます。

地上から発射した電波を、電離層と地上の間で反射させながら地球の裏側まで届けるのです。こうして、日本にいても遠く離れたヨーロッパや南米大陸の短波放送を聴くことができるというわけです。

北極や南極に近い高緯度地域で見られる「オーロラ」も、熱圏で起こる興味深い現象の一つです。太陽の表面から電気を帯びた大量の粒子が地球に降り注ぎ、空気中の酸素原子や窒素原子と衝突して起きる発光現象がオーロラなのです。

酸素原子からは緑色、窒素原子からは赤っぽい色の光が出て、100kmから400kmもの高さで神秘的な天体ショーが起きるのです。

また地上からおよそ100kmの辺りでは、宇宙から飛んできたチリが燃え尽きて「流星」となって見られることもあります（図5-1）。

ここまでの①、②、③、④の大気の層を合わせて、「大気圏」という呼び方をします。

そして大気圏の一番上の部分には、地球と宇宙との境界となる「外気圏」が存在し、その外側は大気が何もない宇宙空間です。

2　地球上の温度が一定に保たれる仕組み

†太陽エネルギーが地球を暖める

前節で見てきたような大気圏がいわば地球の「カバー」となり、私たち生物はこれに覆われながら地球上で生活していることになります。地球上で生命が維持されるためには、この大気の温度がほぼ一定に保たれていなくてはなりません。そのために重要なのが、太陽からもたらされる太陽エネルギー（太陽放射）です。

地球全体を見ると、太陽から地球へ降り注ぐ太陽放射エネルギーと地球から出ていくエネルギーの収支がほぼ釣り合って、生命維持に最適な温度に保たれているという見事な仕組みがあるのです（図5-2）。詳しく見てみましょう。

まず、逃げる分です。太陽から降り注いだエネルギーの約30%は、上空にある雲や地上に反射され、地球を暖めることなく宇宙へ放射されます。一方、地球に吸収される分があ

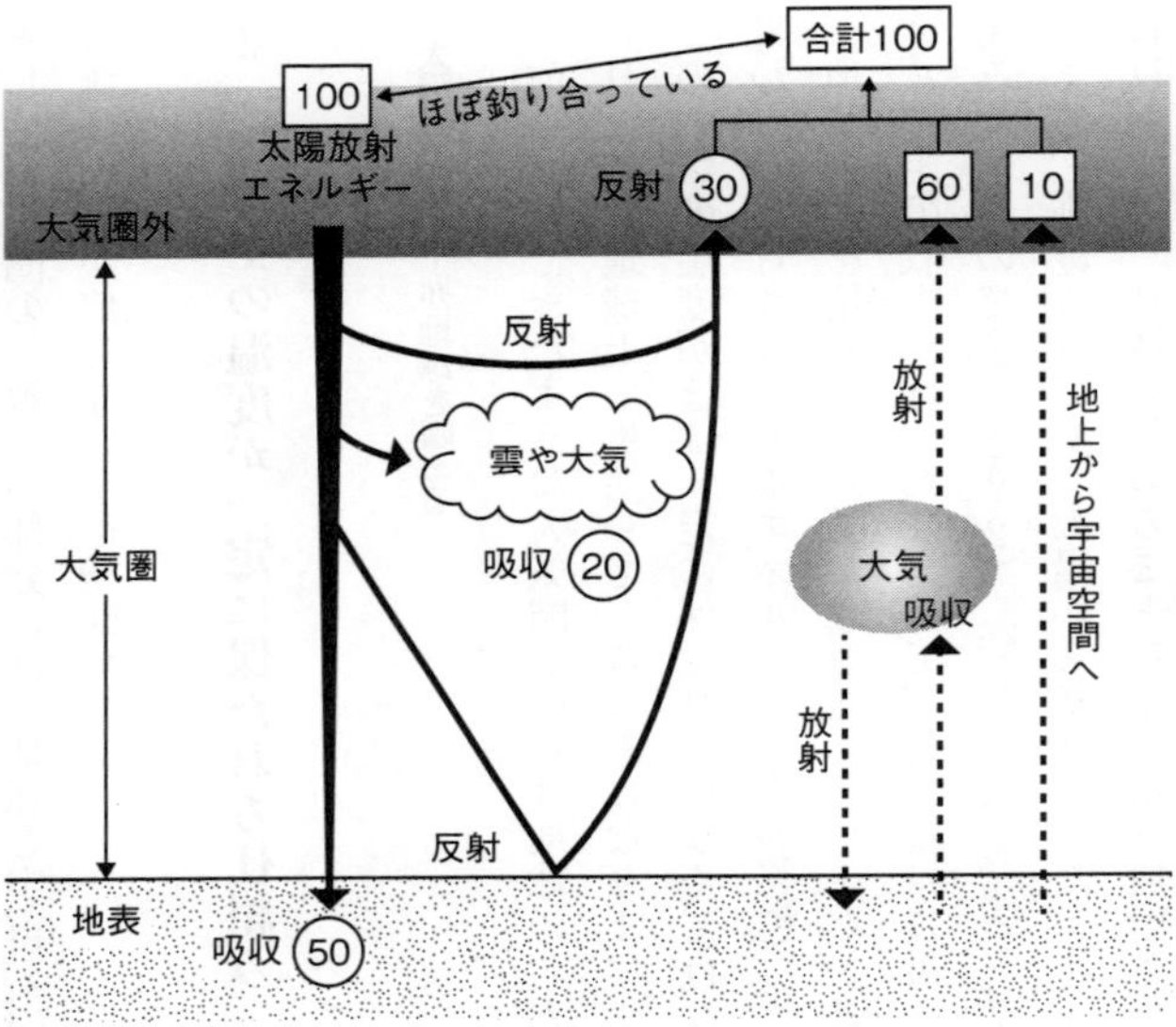

図5-2：地球へ降り注ぐ太陽放射エネルギーと、出ていくエネルギーの収支

ります。約20％は大気に吸収され、大気を暖めます。残りの50％は地球の表面（地面）を暖めている、というわけです。

†地球から出ていくエネルギーもある

このように地球は、太陽放射により常に暖められていますが、同量のエネルギーが地球から宇宙空間へと常に放射されています。これを「地球放射」といいます。

放射される割合はというと、10％のエネルギーが地上から直接宇宙へ出ていき、60％が大気から出ていきます。先ほど述べた、太陽エネルギーで反射されるエネルギーが30%あり、合計で100%となります。

このように地球を出入りするエネルギーの収支は釣り合っており、太陽から入ってくるエネルギーが100ならば、地球から出ていくエネルギーの合計も100となる関係にあります。

このような素晴らしいバランスが保たれるために、大気や地表のあらゆるものの間では複雑にエネルギーをやり取りしています。そのおかげで、地球の温度は一定に保たれて生命維持が実現されているというわけです。

†「温室」効果をもたらす気体

【センター試験問題】

温暖化に関する次の文章を読み、下の問い（問1〜3）に答えよ。

地球の気候は、太陽活動、火山活動、(a)温室効果ガス、海流の変化などの影響を受け、寒暖を繰り返す。次の図1は、日本の年平均地上気温の経年変化である。(b)5年間の平均値の変化（太線）を見ると、期間Ⅰと期間Ⅱのように気温の上昇傾向が鈍っていた時期

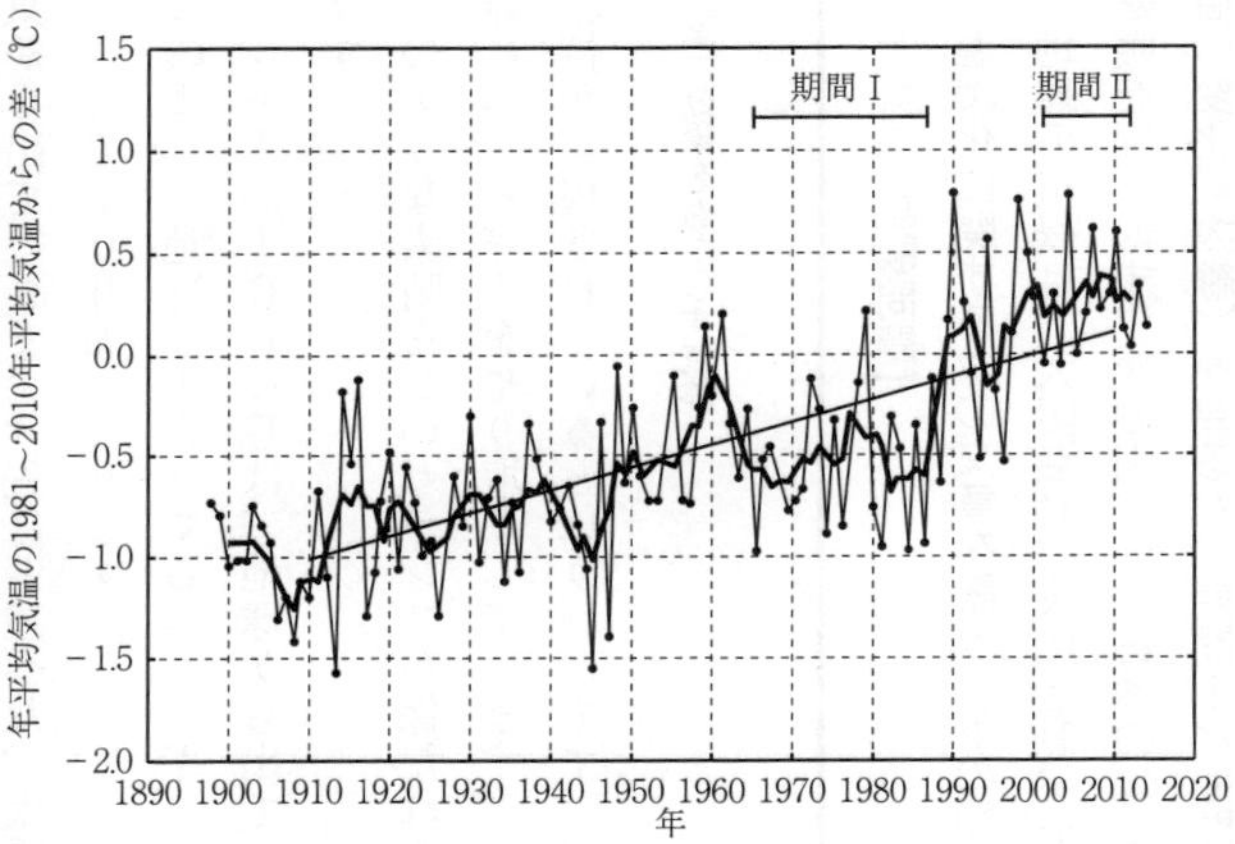

図1　日本の年平均地上気温の経年変化

各年の年平均値の変化を細線で示し、その年を中心とする5年間の平均値の変化を太線で示す。また、直線は100年間の気温上昇の傾向を示し、その傾きは気温上昇率を表す。

もあるが、100年間の長期変化傾向を示す直線は温暖化の傾向を示している。化石燃料の代替エネルギーの利用がⓒ促進されているものの、長期的には今後のさらなる温暖化が危惧されている。

問1　下線部（a）に関して、水蒸気とメタンの二種類のガスを、温室効果ガスとそうでないものに分類した。この分類の組合せとして最も適当なものを、次の①～④のうちから一つ選べ。

	水蒸気	メタン
①	温室効果ガス	温室効果ガス
②	温室効果ガス	温室効果ガスではない
③	温室効果ガスではない	温室効果ガス
④	温室効果ガスではない	温室効果ガスではない

問2　下線部（b）に関して述べた次の文a・bの正誤の組合せとして最も適当なものを、下の①～④のうちから一つ選べ。

a　20世紀を通して宇宙空間へ放射される地球放射が増え続けた結果、温暖化傾向となった。

b　温暖化が鈍った期間（Ⅰ、Ⅱ）は、代替エネルギー利用の促進や原子力発電所の増加により、地球大気中の二酸化炭素濃度が減少した。

a　b
①正　正
②正　誤
③誤　正
④誤　誤

問3　下線部（c）に関連して、仮に2010年以降の気温上昇率が、図1の直線の傾きの2倍になるとすると、2060年には、2010年よりも何度気温が上がると考えられるか。最も適当な数値を、次の①～④のうちから一つ選べ。

①1・1　②3・3　③5・5　④7・7

（2017年度地学基礎、本試験、第2問、A、問1、問2、問3）

地球の大気に微量に含まれている気体として、水蒸気（H_2O、大気全体の1～3％）と二酸化炭素（CO_2、同0・04％）を先に紹介しました。このほかにも、メタン（CH_4、ごく微量：同約0・0002％、2017年の測定値）なども含まれています。

これらの気体の共通点として、地上から放出されたエネルギーをため込んで地上にもどす作用をする特徴があります。その結果、地表が暖められることになるのです。

たとえば、夏の昼間に車を屋外に駐めておくと、車内がひどく高温になることがあるでしょう。これは窓ガラスを通って入ってきたエネルギーの一部が車内に閉じ込められ、窓の外に出ていかないからです。

ビニールハウスや温室はこの効果を農業や植物の栽培に利用していますが、大気中で同様の働きをする気体があるのです。それが「温室効果ガス」で、具体的には、水蒸気、二酸化炭素、一酸化二窒素、メタン、フロンなどがあります。

最近は、人間の活動によって工場や車などから出す二酸化炭素が増え、それが地球温暖化の原因ではないかと疑われています（次項以降で詳しく解説します）。

もし温室効果ガスがまったく存在しないと、太陽からきたエネルギーと同じ量のエネルギーが地表から宇宙空間へ放出されます。一方、温室効果ガスがあるために、地表から放出されたエネルギーは大気中に吸収され、地表に戻され大気と地表を暖めるという重要な役割を果たしているのです。

【問題の解答】

問1　正解：①

〈考え方のポイント〉

ガスというイメージではありませんが、水蒸気も温室効果ガスに入ります。

問2　正解：④

〈考え方のポイント〉

a　誤り：もし、宇宙空間へ放射される地球放射が増えれば、地球の温度は下がり、寒冷化することになってしまいます。太陽エネルギーと地球放射が釣り合っている、という熱収支がポイントです。

b　誤り：気温の上昇傾向が鈍っていた時期も、地球大気中の二酸化炭素濃度は増加し続けていました。

問3　正解：①

〈考え方のポイント〉

図1を見ると、100年間で1・1℃増加しています。これが2倍になるのだから、100年間では2・2℃ですが、2010年と2060年を比べているので、50年後ということで、1・1℃気温が上がることになります。

†日本の「猛暑」は温暖化のせい？

近年の日本では、夏の猛暑が続いており、2018年7月には埼玉県熊谷《くまがや》市で我が国の観測史上最も高い気温となる41・1℃を記録しました。これは日本だけのことではなく、アメリカやアフリカでも最高気温50℃以上を観測するなど、世界的に夏の異常な暑さが報告されています。

日本では特に、首都圏など都市部の高温地域が問題となっており、東京都心がいわゆる「熱の島（ヒートアイランド）」になっています。ここでは地球科学の観点から、なぜこのような事態が起きているのか、そして今後の予想について述べてみようと思います。

最初に首都圏3500万人を代表して東京の最高気温と最低気温の記録を調べてみましょう。気象庁によれば、東京では夏の最高気温は過去100年に1・5℃上がり、最低気温は2・7℃上がりました。すなわち、最低気温の上昇の方が大きいため、朝も晩もより

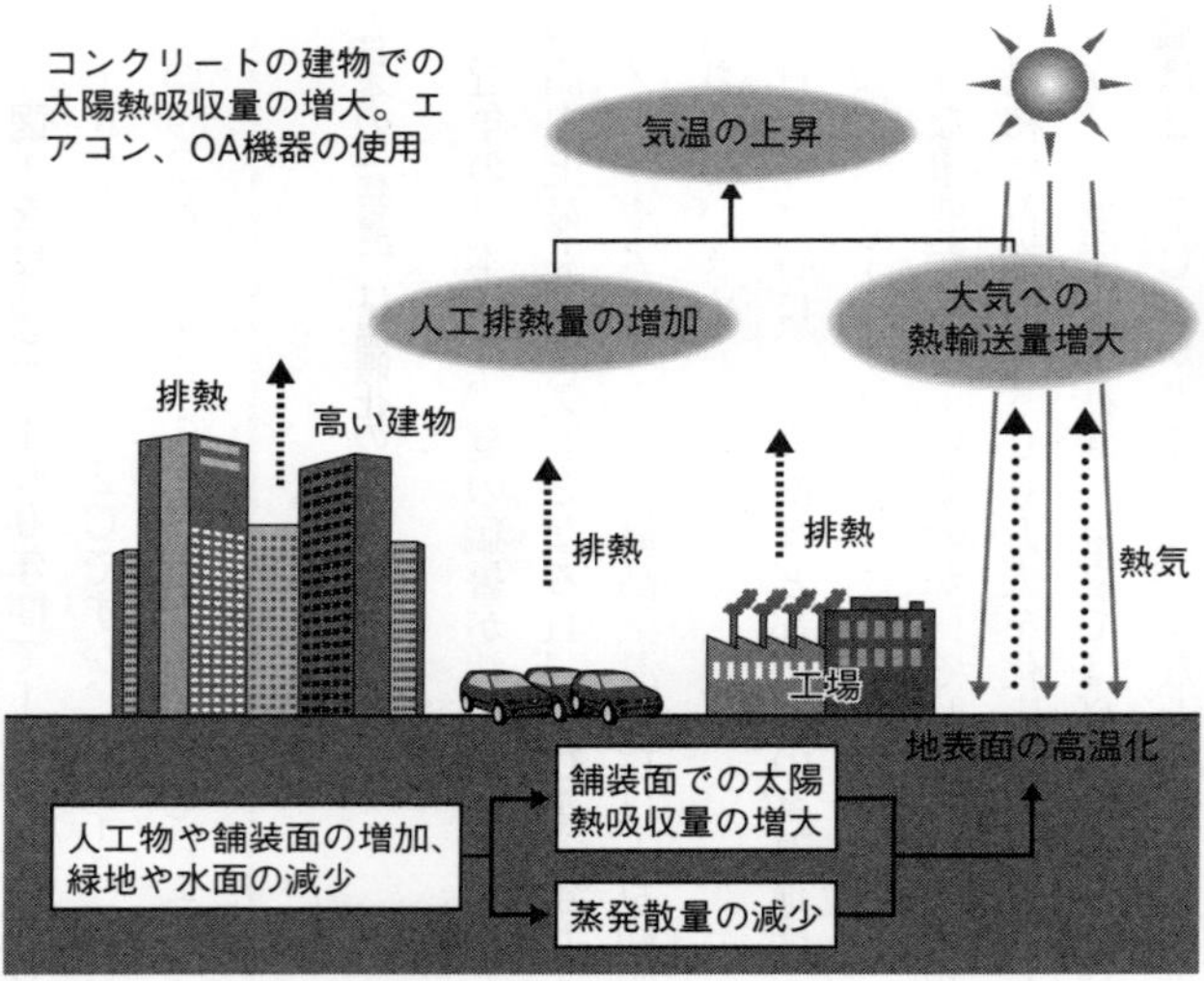

図5-3：ヒートアイランド現象を起こす原因

暑苦しく感じるようになってきたのです。

これについて地球科学的にはスケールの異なる2つの原因が特定されています。すなわち、「ヒートアイランド」と呼ばれる地域的な現象と、「地球温暖化」という世界規模の現象です（図5-3）。

†ヒートアイランドはなぜ起こる?

ヒートアイランド現象とは、都市の中心地域の気温が郊外と比べて高くなることをいいます。「熱の島」というのは、気温の分布を見ると都市の中心だけが島のように孤立して暑いことから命名されました。夏の大都会が以前と比べて熱がこもっているように感じられるのはこのためです。たとえば、東京で気温が30℃を超える時間（日数ではなく時間）は、ここ20年で2倍ほどに増えています。また、都心部と郊外との日中の気温差が10℃近くになることもしばしば観測されています。

ヒートアイランド現象を引き起こす原因の第1は、建物や工場、自動車などから出る排熱です。たとえば経済活動に伴って、工場やオフィスから大量の熱が排出されます。そしてエアコンやパソコンの普及によって、都市からの排熱は年々増加の一途をたどっています。いったんヒートアイランド現象が起きるとエアコンの使用が増え、さらに加速されるという悪循環が起きているのです。

そして第2は、熱吸収率の高いアスファルトやコンクリートで地面が覆われるようになったことです。こうした人工物で地面が覆われると、日中、植物が葉の表面から蒸散することで熱を逃がす効果や、大きな樹木が日射を遮る効果がなくなってしまいます。また、水を保持する土の地面が減ると、水の蒸発によって温度を下げる効果も減ります。

第3に、建物の密集化による風通しの悪さがあります。都市に高いビルが密集すると、地表近くを通る風が弱くなり、空気が入れ替わりにくくなるのです。特に高層建築物の谷間では、夜に熱が上空へ逃げにくくなっています。

†地球規模で見ると……

視点を転じて、世界全体で見ると平均気温は上昇しており、地球温暖化というグローバルな現象が起きています。専門的には地球温暖化とは、地球の平均気温が過去400年間で最も高くなってきたことを指します。

たとえば、詳細な観測データが得られている20世紀以後に限ると、過去100年間に平均気温が0・7℃上昇しています。そして、この理由は大気中の二酸化炭素濃度の増加にちがいない、と多くの科学者が推測してきました。

具体的に見ていきましょう。過去100年間で大気に含まれる二酸化炭素の濃度は、280ppmから380ppmまで上昇しました。なお、ppmとは、%と同じように割合を表す単位の記号です。%は100分の1を表しますが、ppmは100万分の1を表します。別の書き方をすると10^{-6}となります。二酸化炭素が増えた原因は、人類が石油や石炭などの化石燃料を大量に燃やしたことにあります。

二酸化炭素を含めて、先述したように温室効果ガスは赤外線を吸収し、太陽からの熱エネルギーをためこんでしまいます。もし大気中の濃度が増加すれば、熱エネルギーは宇宙空間に放出される手前でとどまるのです。

すなわち、近年の猛暑はこのようなグローバルな地球温暖化が一つの原因としてあり、さらにこれに加えて大都市では、先に述べたヒートアイランド現象が加わったものと考えられます。

3　大気が大循環するメカニズム

†緯度によって変わる気流

対流圏では、その名のとおり空気が垂直方向にも水平方向にも対流していると先に述べました。また、前節で説明したように、地球は太陽のエネルギーを受けていますが、地球上どこでも同じように熱を受けているわけではありません。

たとえば高緯度地方では、太陽光線の当たる角度が小さく、しかも雪や氷で反射する割合も大きいため、低緯度地方よりも受け取れる太陽エネルギーが少なくなります。

本来ならば、高緯度地方と低緯度地方とでは、今よりもかなり大きな熱収支の差、つまりもっと大きな気温の差があるはずです。そうならないのは、大気が対流圏の中を大循環することで、低緯度と高緯度の熱収支を一定に保っているからです。

地球の大気が大循環するのは、地球が自転しているからです。地球が自転することで直接受ける力を「コリオリの力」（後述します）といいます。もし地球が自転しなければ、空気は対流するだけになります。循環の様子は、低緯度地方と高緯度地方とでは大きく異なっていますので、それぞれ分けて説明していきましょう。

赤道近くで大気はどう動くか

【センター試験問題】

大気と海洋に関する次の文章を読み、下の問い（問1、2）に答えよ。

地球表面で受け取る太陽放射の緯度による違いにより、大気の大規模な南北方向の循環が形成される。この循環に伴う南北方向の風は地球の自転により東西方向の力を受ける。たとえばⓐハドレー循環に伴う南北方向の風は、低緯度の地球表面付近で貿易風、ⓑ中緯度の対流圏界面付近で偏西風を引き起こす。中緯度では地球表面でも偏西風が吹く。このような地球表面の風は、海流（海水の循環）を引き起こす。このようにして形成された大気の循環も海水の循環も、南北方向に熱を輸送する。

問1　上の文章中の下線部（a）のハドレー循環について述べた文として最も適当なものを、次の①～④のうちから一つ選べ。
①赤道域では空気が上昇する。
②極域上空の冷たい空気が下降する。
③オゾンが成層圏に輸送される。
④ジェット気流と呼ばれる強い下降気流が形成される。

問2　上の文章中の下線部（b）に関連して、偏西風が吹いている緯度帯で主に発生する現象として最も適当なものを、次の①～④のうちから一つ選べ。
①温帯低気圧　②台風　③太陽風　④エルニーニョ（エルニーニョ現象）
（2017年度地学基礎、追試験、第2問、問1、問2）

赤道付近の海上（「赤道収束帯」といいます）では、気温が高く大規模な上昇気流が常に発生しています。海面上の、太陽に暖められた水分を含んだ空気は密度が小さく、上空へ向かうようになり上昇気流を作ります。

地表や海面からどんどん水分が供給されて、上昇気流でできる雲が積乱雲（入道雲）です。積乱雲は大雨を降らす雲でもあります。

熱帯で発生した上昇気流は、雨を降らせたあとは乾燥します。その乾燥した気流は中緯度地域（「亜熱帯高圧帯」といいます）へ冷却されながら移動していくうちに、密度が大きくなってしまい、乾いた下降する気流に変化するのです。

そのため中緯度では乾燥して雲ができにくい状態になり、特に大陸の中央部では砂漠ができやすくなります。一方、海上では乾燥した風が水分を奪うので、蒸発が盛んになります。中緯度で下降した気流は、「貿易風」となり、赤道収束帯へ多量の水蒸気を運び込みます。

気流の動きをおさらいすると、熱帯で上昇し、亜熱帯（中緯度）へ移動して下降し、また熱帯に戻る、この大規模な南北循環は気象学で「ハドレー循環」と呼ばれています。

【問題の解答】

問1　正解：①

〈考え方のポイント〉

①正しい

②誤り：ハドレー循環は低緯度地域の循環をいいますので、誤りです。

③誤り：オゾンは主に成層圏で生成されます。ハドレー循環は対流圏内での大気の循環なので、オゾンとは関係しません。
④誤り：ジェット気流は偏西風のことなので、下降気流ではありません。

問2　正解：①

〈考え方のポイント〉

①正しい
②誤り：台風は貿易風の吹く熱帯や亜熱帯の暖かい海上で発生します。
③誤り：太陽風は太陽のコロナから放出される電子や陽子のこと。
④誤り：熱帯赤道域の話で、中緯度の話ではありません。

†中緯度・高緯度地域ではどう動くか

こうした地帯の対流圏の上部では、先述のとおり偏西風が吹いています。ハドレー循環との境界にあたる亜熱帯上空では、偏西風が特に強く吹き、これを「亜熱帯ジェット気流」といいます（図5-4）。

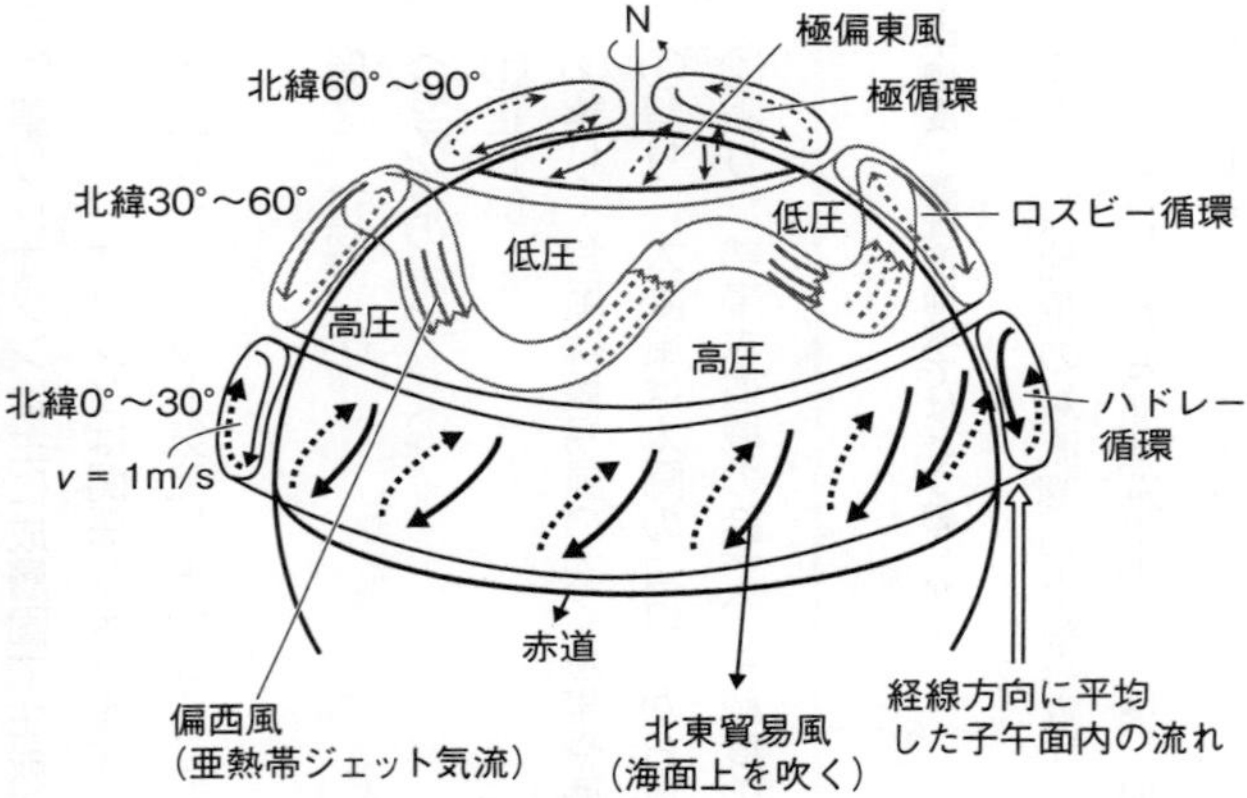

図5-4：北半球における大気循環の模式図（ウェブサイト「ＦＮの高校物理」による図を一部改変）

この亜熱帯ジェット気流をはさんで、南北の温度差が上空で大きくなります。これは、亜熱帯ジェット気流の北側には冷たい「寒冷性気団」があり、南側には暖かい「熱帯性気団」があるためです。

亜熱帯ジェット気流は、季節によって、夏には高緯度側を、冬には強まり低緯度側を、南北に蛇行《だこう》して吹いています。その理由は、中緯度上空では、いくつもの渦ができるからです。地表近くを西から東へ移動する高気圧や温帯低気圧が主なものです。

このように、蛇行する亜熱帯ジェット気流（偏西風波動）に特徴づけられる中緯度地域の大気循環のことを「ロスビー循環」と呼びます（図5-4）。

ロスビー循環は、亜熱帯ジェット気流が

南北に蛇行することを説明するものです。ここで渦ができるための条件は、亜熱帯ジェット気流の南北に温度差があること（温度差があればあるほど渦が大きくなります）、および地球の自転の力（コリオリの力）が働いていること、の2点です。

†地球の自転が気流にどうかかわるか

読者の皆さんにとって大気の流れを見る一番身近な機会は、天気図でしょう。天気図には大規模な大気の流れが表現されていますが、こうした流れは地球の自転の影響を強く受けて起こります。ただし、後述するように赤道付近を除いての法則です。

地球の自転によって生じる力を、「コリオリの力」（転向力）と呼んでいます。この力は地球の軸に沿って働きますので、地球を平面の円盤状に見るとわかりやすくなります。いま、回転する円盤の上の2点（仮にA点とB点にします）に2人の人間が乗っているとします（図5-5）。

この円盤は反時計回りに回転しているとしましょう。A点からB点へボールを転がすと、反時計回りに回転している円盤上では、Aの人から見ると右へボールが曲がっていくように見えます。このとき働いている力をコリオリの力といいます。

なお、コリオリの力は、ボールには直接的な力が加わっていない「自転による仮想の

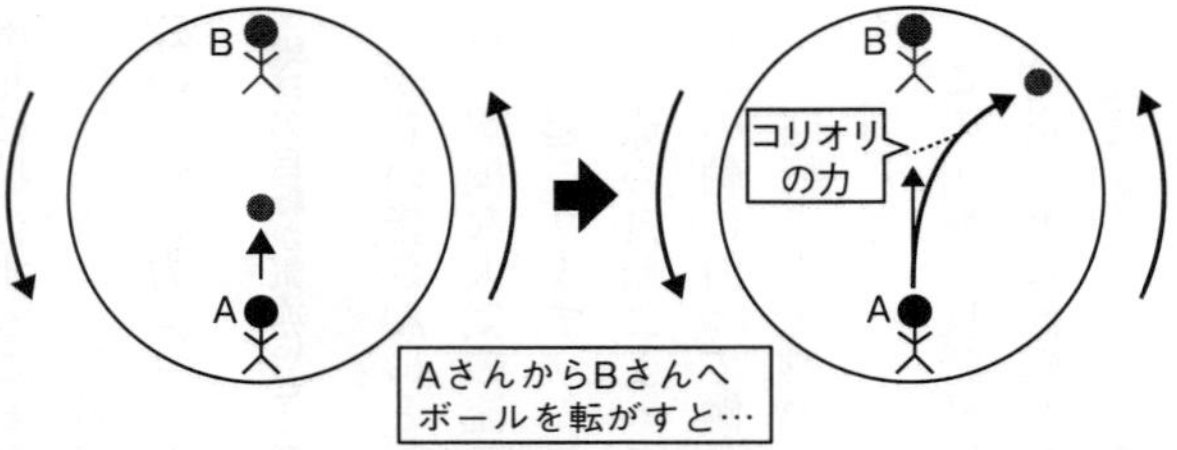

図5-5：反時計回りに回転する円盤上でボールを投げると、コリオリの力が発生する（ウェブサイト「受験のミカタ」による図を一部改変）

力」です。

コリオリの力は、北半球と南半球では向きが異なります。すなわち、北半球では物体の進行方向に対して右向きに働き、南半球では左向きに働きます。

先の円盤の例でいいますと、コリオリの力は、回転する速度が変化することで生じます。そのため、ジェット機で移動する場合、自転軸からの距離の変化が大きくなる高緯度ほど、コリオリの力は強くなります。

理論上は、北極や南極に向けて南北へ移動すると、自転軸と垂直に近い動きになり、コリオリの力も最大になります。一方で、赤道上を移動する場合には、円盤のへりにいるようなもので、自転軸からの距離が変化しないので、コリオリの力は働かなくなります。

4　海洋も大循環している

水が動けば気象も変わる

これまで述べてきた大気と同様に地球上を循環し、気象に影響を与えているものがあります。それは、地球の表面積の7割を占める海洋にある「海水」です。海洋には地球上の97％以上の量の水が存在します。

水は太陽エネルギーによって、海洋や陸上から蒸発して雲になります。それが雨や雪などの形で再び海洋や陸上へ降り注ぎます。さらに、深海中を水は「大循環」をし、大気の循環とからみ合って、世界の気象にさまざまな影響を及ぼしています。

さらに水は液体の状態だけでなく、水蒸気や氷などさまざまな形態に変化して、海洋と大気との間をゆっくりと循環します。

ところでマグマの中には水（水蒸気）や二酸化炭素などのガスが1割近く含まれていることをご存じでしょうか？　したがって、火山活動におけるマグマの噴出も、実は海洋と大気の間で水の大規模な循環を担っているのです。

海洋プレートには、水や二酸化炭素が閉じ込められています。それが海溝などの沈み込み帯で大陸プレートの下へ沈み込み、地中深くへ達すると水がプレートから絞り出されます。その水がマントルへ入り込むと融点が下がり、マントルは溶けて「ダイアピル」と呼ばれる巨大な高温の塊になります。

このダイアピルは、周囲のマントルよりも軽くなっています。そのため、数百万年から1000万年ほどの時間をかけて地上へと移動します。それが地殻の下部へ到達してマグマを生産し、そのマグマが地上で噴火すると、水や二酸化炭素が空中へ放出されるのです。

このようにして、長尺の目で見ると、水は数千万年のサイクルで大循環しています。

†大循環する海水の不思議

海水はなめると塩辛いものですが、どのような塩分が含まれているのでしょうか。

塩分の組成を分析すると、7割近くを塩化ナトリウム（NaCl）が占め、そのほかでは多い順に塩化マグネシウム（$MgCl_2$）、硫酸マグネシウム（$MgSO_4$）、硫酸カルシウム（$CaSO_4$）、塩化カリウム（KCl）、塩化カルシウム（$CaCl_2$）、臭化マグネシウム（$MgBr_2$）、炭酸水素ナトリウム（$NaHCO_3$）、臭化カリウム（KBr）などが含まれています。

この塩分組成の割合は、世界中のどの海で計測してもほとんど同じです。すなわち海水の成分には偏りがないということですが、長い時間に海水が大循環することによって、いわばよくかき混ぜられた状態にあるということです。

では、どのように大循環してよくかき混ぜられたのでしょうか。それは、深いところ（深層水）と、海水の表面との間で、2つの循環が繰り広げられた結果なのです。

深層水の大循環

まず「深層水」とは何か、について説明しましょう。普通の海水と深層水とは、どう違うのでしょうか。

北極における海水を思い浮かべてみてください。北極では、海の水が凍って氷山になります。氷は塩分を含まないので、北極で海水が大量に凍ると、凍っていない海水の塩分濃度が大きくなり、重くなります。

重くなった低温の海水は深い海の底に沈んで、より軽い海水を押しのけるように広がってから、海底の地形に沿ってゆっくりと循環するようになります。このときの低温の海水を「深層水」、深い海の底で起こる深層水の循環を「深層循環」といいます。

実際にどのように移動しているかを見てみましょう（図5-6）。北大西洋で発生した深層水は南下する海流となり、南大西洋を通りアフリカ大陸の南を抜け、太平洋にまで移動

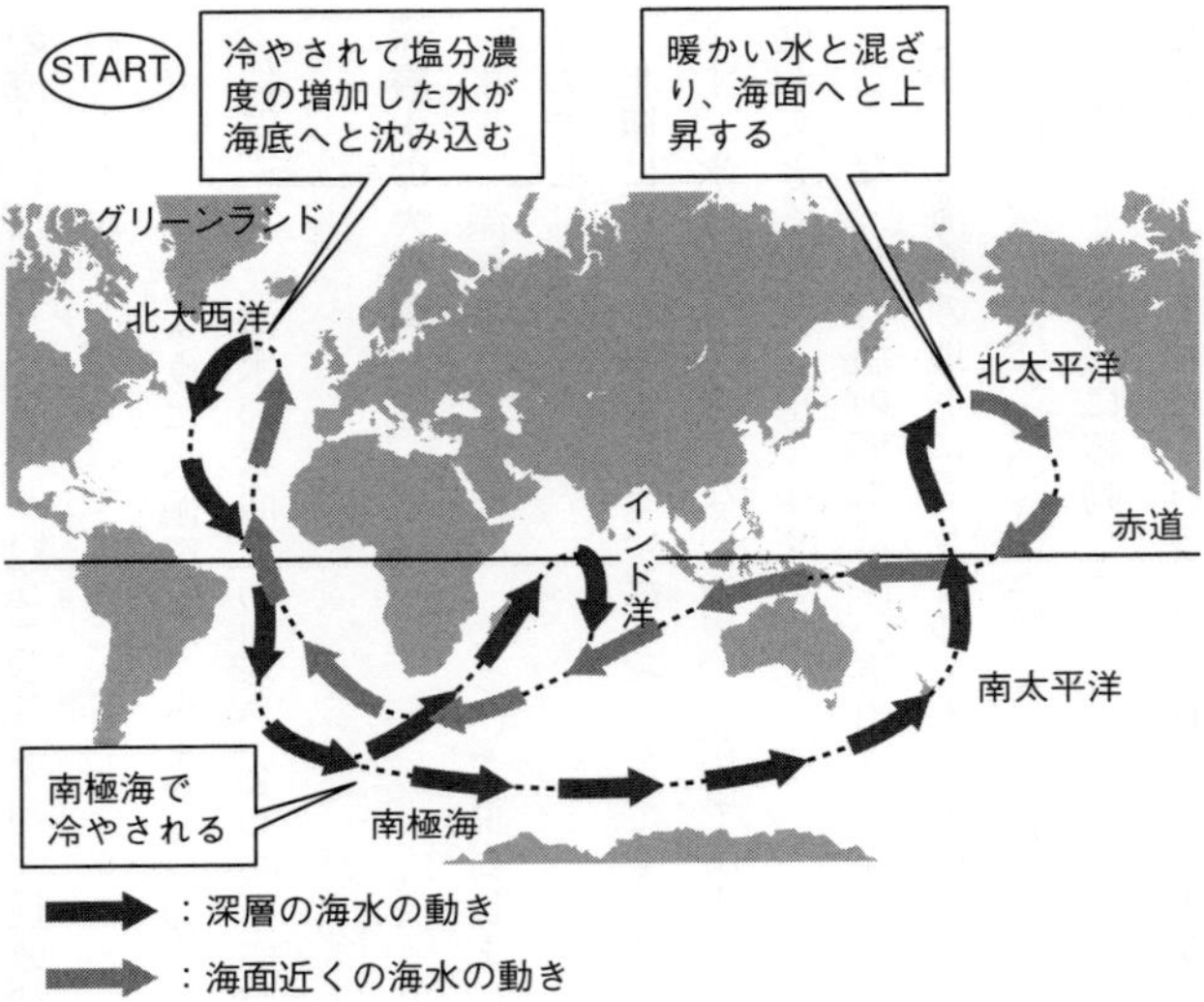

図5-6：海の深層水の大循環「コンベアーベルト」

します。そして太平洋にまで達すると、暖かい水と混ざって、ゆっくりと海面へ上昇します。

海面近くへ移動した海水は、赤道付近を巡回してインド洋を通過します。そのまま海面近い部分を通る「表層水」となり、再び北大西洋へと戻ってくるのです。

この深層水の大循環は、「コンベアーベルト」とも呼ばれ、海面から溶け込んださまざまな物質を海洋全体に運ぶ役割も果たしています。たとえば、温室効果のある二酸化炭素（CO_2）などがコンベアーベルトによって海洋全体に運ばれています。

なお、循環のタイムスパンはどのくらいかというと、いったん沈み込んだ深層水が一巡して元の場所に戻るまで、およそ2000年ほどかかると考えられています。

海水の表面での循環

次に、海洋の表面近くで繰り広げられている「海流」の動きについて見てみましょう。

表層で起こる海流は、深層水の流れに比べるとはるかに速いものです。たとえば日本近海には、南から北へと秒速2mのスピードで流れる「黒潮《くろしお》」があります（図5-7）。

黒潮は「北太平洋海流」へと連なり、そのまま「カリフォルニア海流」を経て「北赤道海流」に変化し、再び黒潮となります。このように北太平洋の表面を、時計回りに大きく循環する流れがあるのです。

こうした海面近くにおける海流は、上空を吹く風により引き起こされ、さらに地球自転の影響で、コリオリの力が働いています。黒潮は、偏西風に吹かれることで北太平洋海流となって、東に流れるのを助けられています。カリフォルニア海流から北赤道海流になると、今度は貿易風によって西へ流れるのです。

同様に地球上の各海域で海流が発生し、北半球では時計回りに流れ、南半球では反時計回りに流れます（図5-7参照）。

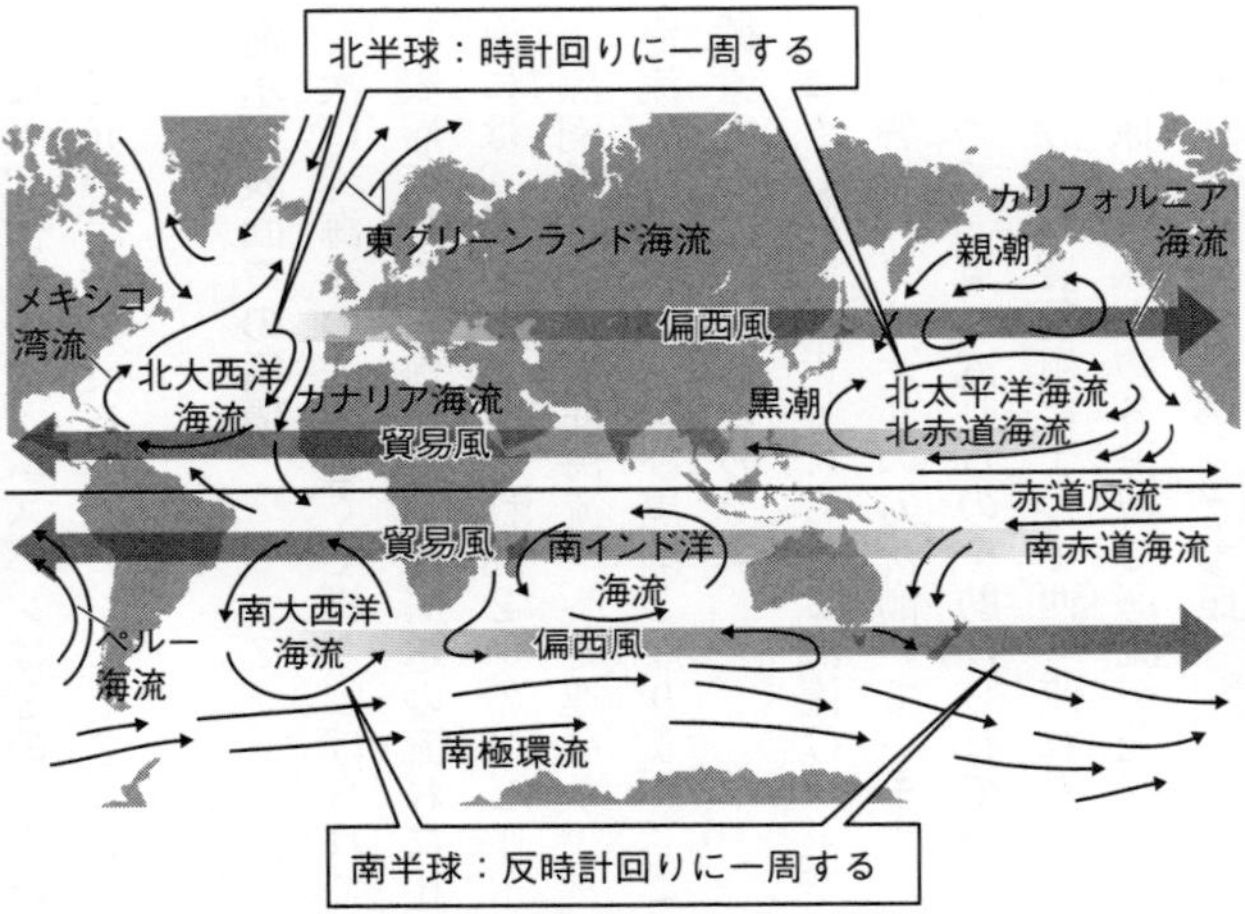

図5-7：海流の動きと風の向きとの深い関係

偏西風（西風）や貿易風（東風）に吹かれることが海流の助けとなると述べましたが、海上に風が吹くと、海水自体の摩擦力によって、海面に近い水ほどより強く動かされることになります。

基本的に赤道以外の地球上では、風によって生じた海水の運動に対し、コリオリの力が働いています。

海面付近の水の流れは、風の力とコリオリの力の釣り合いで決められ、海面から深くなるにつれて弱まりながら方向を変えることになります。これらが主な海流の向きを決めているのです。

†海水の動きには月と太陽も影響する

ここまでに述べた地球レベルの大循環

のほかにも、海水はそれぞれの地域で絶えず動いています。本書全体のテーマですが、地球は生きて動いていますから、海水もその例外ではないのです。

海面は半日から1日の周期で、ゆっくりと上昇したり下降したりしています。気象情報のニュースで聞いたことがあると思いますが、このときの昇降の頂点をそれぞれ「満潮」、「干潮」といいます。こうした海面の動きを「潮汐《ちょうせき》」と呼びます。

では、潮汐はなぜ起こるのでしょうか。それは、第1章で解説した「引力」がかかわっています。月と地球との間には、絶えず「引力」が働いていると述べました。

月は地球の周りを公転しているので、「遠心力」も働いています。この引力と遠心力が釣り合う場所に、月は浮かんでいます。これが「潮汐作用」の原動力になっているのです。

月と地球の関係は、月と地球との共通重心の周りを、約27日周期で互いに「公転」していることです。このような共通重心の位置は、地球の中心から月の中心へ向かって、地球の半径の約4分の3の位置にあります。

地球の公転による遠心力は、地球上のどの位置でも大きさと向きは等しくなります（図5-8）。これに対して、月の引力は、月に面した地球表面で最大になり、海面を引っ張り上昇させています。

引力というキーワードを読んでピンときた読者もいるかもしれませんが、実は太陽も潮

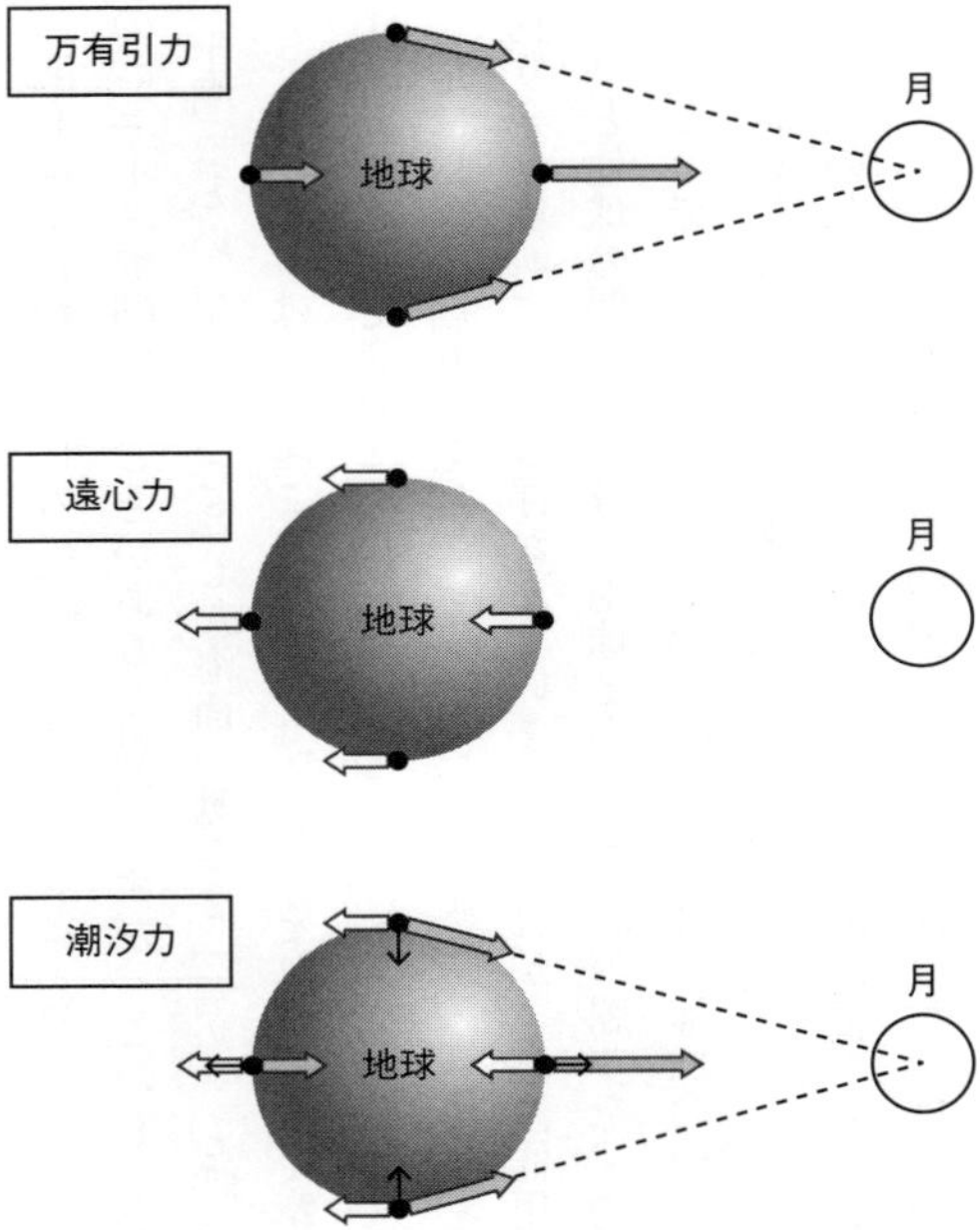

図5-8：地球公転による遠心力と月の引力（数研出版発行『地学』による図を一部改変）

汐作用に影響を及ぼします。

たとえば、新月と満月のときは、地球と月と太陽が一直線上に並びますから、このとき、月と太陽の引力は強め合って、干満の潮位差が最大の「大潮《おおしお》」になるのです。また、上弦と下弦の月のときは、月と太陽の影響は最小となり、干満の潮位差が少ない「小潮《こしお》」になります。

【センター試験問題】

潮汐に関する次の文章を読み、下の問い（問6〜7）に答えよ。

月による地球上の潮汐は、地球のある地点における月からの引力と、共通重心周りの公転による遠心力との合力（起潮力）によって、海面が昇降する現象である。地球表面における月に近い側と遠い側を比べると、その公転による遠心力は（ ウ ）、月の引力は月に近い側で（ エ ）。同様のことは、ⓓ地球と太陽との関係によっても生じる。潮汐は、水深に比べて非常に長い波長を持った水の波と考えることができ、その波の伝わる速さは水深に依存する。

問6　文章中の（ ウ ）・（ エ ）に入れる語句の組合せとして最も適当なものを、

次の①～④のうちから一つ選べ。

	ウ	エ
①	両側で等しく	小さい
②	両側で等しく	大きい
③	月から遠い側で大きく	小さい
④	月から遠い側で大きく	大きい

問7　文章中の下線部（d）に関連して、月と太陽の両方に関わる潮汐の一般的な特徴について述べた次の文a・bの正誤の組合せとして最も適当なものを、下の①～④のうちから一つ選べ。

a　満月の時は、地球から見て月と太陽が反対の方向にあり、それぞれの起潮力が打ち消し合って潮差は小さくなる。

b　上弦の月の時は、地球から見て月と太陽が直角の方向にあり、それぞれの起潮力が合わさって、1日1回満潮が起こる。

	a	b
①	正	正
②	正	誤
③	誤	正
④	誤	誤

（2016年度地学、本試験、第3問、B、問6、問7）

【問題の解答】

問6　正解：②

〈考え方のポイント〉

ウ　月と地球の関係で重要なのは、月だけが地球の周りを回っているのではなく、月も地球もともに共通重心の周りを回っていることです。生じる遠心力は地球上どこの場所でも方向と大きさは同じです。

エ　引力は、関係する2つの物体の間では、物体の中心間の距離の2乗に反比例します。

そのため、月に近い側では大きくなります。

問7　正解：④
〈考え方のポイント〉
a　誤り：満月のときは、月と太陽の起潮力が重なり合って潮差は最大になります。大潮です。
b　誤り：1日1回満潮が起こるという記述は誤りです。また、月と太陽が地球から見て直角の関係にあるときは、月と太陽の起潮力が打ち消しあって最小になります。小潮です。

†風と海流によって起こるエルニーニョ現象

例年では考えられない猛暑が続いたり、大雪が降ったりすると、熱中症の増加や交通の寸断など災害の様相を呈し、大きく報じられたり人々の不安を引き起こしたりします。

地学的な視点で見れば気象とは絶えず変動するものですが、その変動幅を大きく逸脱して起こったり、統計的に見てめったに起こらない極端な現象が起こったときに「異常気象」と呼びます。

あるいは、冷夏や暖冬が著しい年には、農産物などへの大きな影響を考えて、しばしば異常気象と言われます。これも地学的な視点でみれば、世界的な現象の一部であることがあります。その一つが「エルニーニョ現象」です。

この現象は、南米のペルー沖で太平洋の海水の温度が上昇することで引き起こされます。数年に1度、冬の海水温が2〜5℃上がる年をエルニーニョと呼びます。

この海域は、通常は深海から低温の深層水が上がってくるところです。深層水にはリンや窒素などが溶け込んでいるため、プランクトンが大量に発生します。そのプランクトンを食べる魚が大量に集まってきて、その海域を豊かな漁場にしているのです。

ところが数年に1度、深層水が上がってこなくなり、魚がまったく獲れなくなるときがあります。これをペルーの漁師たちは、神様が与えてくれた休みと受け止め、エルニーニョ（スペイン語の「神の（男の）子」という意味）と呼んできました。

ではなぜ、低温の深層水が上がってこないエルニーニョ現象が起こるのでしょうか？

通常の年は、この海域には強い貿易風（東風）が吹いています。赤道付近の強い太陽光に暖められた表面近くの海水は、貿易風に動かされて西へ移動していきます。そこに海の底から低温で栄養分の多い深層水が浮かび上がってきます（図5-9-①）。こうして、

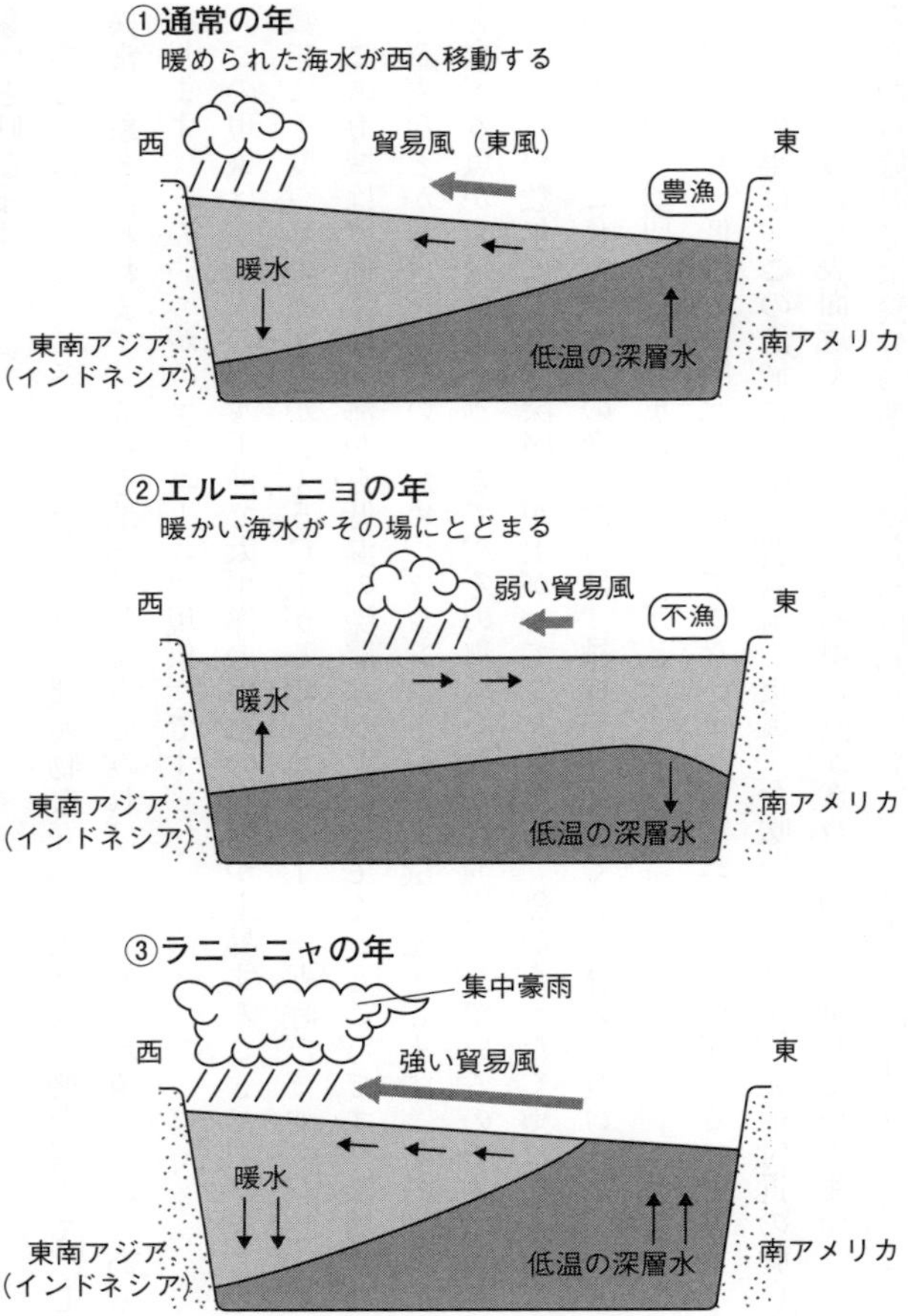

図5-9：エルニーニョとラニーニャの仕組み。太平洋の海水を赤道付近に沿って輪切りにした断面図を示す

豊かな漁場ができあがります。

ところが、年によっては著しく貿易風が弱まってしまうことがあり、海面近くに暖かい海水がとどまってしまい、深層水は浮かび上がってこなくなります。これがエルニーニョの年です。海水温は、通常の年よりも2~5℃高いままです(図5-9-②)。栄養豊かな冷たい深層水の供給がないので、魚が集まらず不漁になってしまうのです。

このペルー沖のエルニーニョ現象は、世界各地で発生する異常気象と連動していることがわかってきました。エルニーニョが起こった年には、世界各地で個別の異常気象が見られたのです。

たとえば、ヨーロッパでは強い寒波が襲い、オーストラリアやアフリカでは干ばつが起こりました。日本では、梅雨が長引いたり、冷夏や台風の減少なども見られました。

これまで、エルニーニョ現象は3~5年おきに発生して、1年以上継続してきました。特に、1982年と1997年のエルニーニョ現象は大きく、日本では冬が暖かく、夏は冷夏で農業被害が起こりました。

エルニーニョ現象とは逆に、貿易風が強まって起こる「ラニーニャ現象」があります(図5-9-③)。ラニーニャとは、スペイン語で「女の子」という意味です。こちらは、深層水が例年よりも大量に上がってきて、海水温が通常の年よりも低くなります。なお、風の影響も、海流の温度も、エルニーニョと正反対であると覚えればよいでしょう。

ラニーニャ現象が起こると、日本では平年よりも夏は暑くなり、冬は寒くなる傾向があります。また、東南アジアでは集中豪雨が起こったりします。

このように、貿易風の強さに応じて起こるペルー沖の海水温の変化が、世界中の気候に影響を与えているのです。海洋と大気は比較的迅速に連動するため、一地域の変化が地球規模の気象の変化に拡大していく、という地学的視点でこうした現象が理解できます。

ちなみに、日本の気象庁もエルニーニョとラニーニャに注目し、ホームページに「エルニーニョ監視速報」のコーナーを設けています。

【センター試験問題】

大気と海洋の相互作用に関する次の文章を読み、下の問い（問4・問5）に答えよ。

エルニーニョ（エルニーニョ現象）は、赤道太平洋において大気と海洋が相互に影響を及ぼしあって数年に一度発生する。平年状態の赤道太平洋では、貿易風によって表層付近の暖水が西側に吹き寄せられている。一方、エルニーニョの起こっているときの状態では、ⓒ平年状態とくらべて貿易風が弱まることで赤道太平洋の東西で海水温が変化し、雲の発達する場所も移動する。

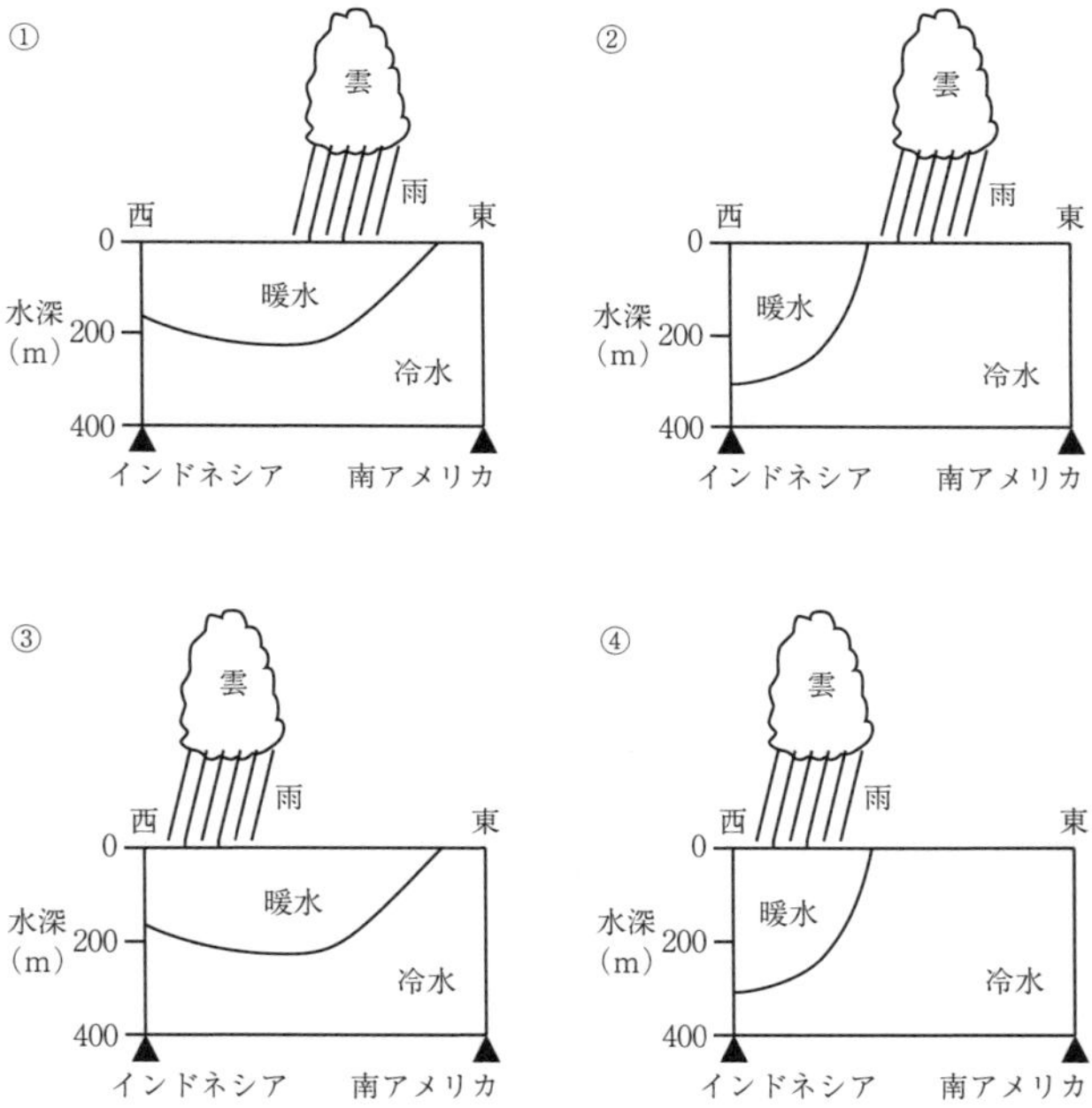

問4　エルニーニョが起こっているときの現象について述べた次の文a・bの正誤の組合せとして最も適当なものを、下の①～④のうちから一つ選べ。

a　熱帯太平洋の気圧の東西差が、平年状態とくらべて異なる。

b　日本の冬が、平年状態とくらべて寒くなる傾向にある。

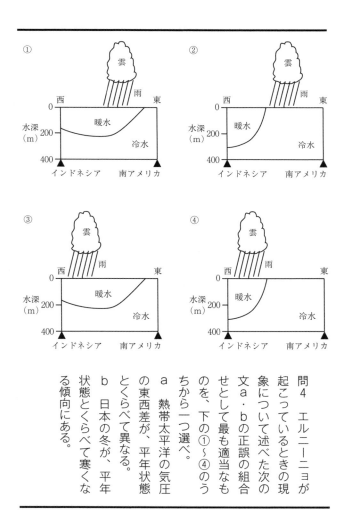

	a	b
①	正	正
②	正	誤
③	誤	正
④	誤	誤

問5　文章中の下線部（c）に関連して、エルニーニョが起こっているときの状態を示す模式図として最も適当なものを、右の①～④のうちから一つ選べ。

（2018年度地学、本試験、第3問、B、問4、問5）

【問題の解答】

問4　正解：②

〈考え方のポイント〉

a　正しい：エルニーニョが発生すると、熱帯太平洋の東部の気圧が平年より低く、西部の気圧が平年より高くなり、東西の気圧差が小さくなります。

b　誤り：エルニーニョが発生すると、日本では暖冬や冷夏になりやすくなります。

問5　正解：①
〈考え方のポイント〉

エルニーニョが発生しない年は、④のように、インドネシア側に暖水があって、その上空では積乱雲が発生しやすく雨が降りやすくなっています。エルニーニョが発生した年は、①のように、暖水は東方へ広がって、中部で積乱雲が発達して降水量が増えます。

✝地球は「ミニ氷河期」に向かっている？

先に紹介した異常気象として、私たちにもっとも身近なのは夏の猛暑ではないでしょうか。近年の暑さは災害級だとニュースで報じられたりして、地球の温暖化を心配したくもなります。ところが、実際には現在の地球は「温暖化」ではなく「ミニ氷河期」に向かっているのです。

それも遠い未来の話ではなく、早ければ約20年後からという予測もあります。これには

「長期」および「短期」という時間の異なる2つの事象があるので、説明しましょう。

地球を何十万年という地質学的な時間軸で見れば、現在は氷期に向かっているのは確実です。今から約13万年前と約1万年前には、比較的気温が高い時期がありました。

また、平安時代は今よりも温暖な時期でしたが、14世紀からは寒冷化が続いています。すなわち、長い視点で見ると、現代は寒冷化に向かう途中の、「短期的な地球温暖化」にあるというわけです。

加えて、今後の数十年間の気候は大規模な火山活動などによって寒冷化に向かうと予測する地球科学者も少なからずいます。確かに、20世紀には大規模な火山活動によって地球の平均気温が数℃下がる現象が何回も観測されました。詳しくは拙著『地球の歴史』（下巻、中公新書）を参照してください。

次に、短期的な事象について見てみましょう。地球の気温は太陽からくるエネルギーに支配されていますが、その太陽の活動が約20年後には現在の60％程度まで減少し「ミニ氷河期」が到来するという予測があります。

太陽の活動状態は表面に見える黒点から判断されるのですが、２０１４年をピークに黒点の数は減少に転じています。これは３００年ほど前の江戸時代に世界中が寒冷化した時期とよく似ているのです。

すなわち、1645年から1715年までの70年間に黒点が減り、地球の平均気温は1・5℃ほど下がりました。その結果、ロンドンのテムズ川やオランダの運河が凍結し、日本では大飢饉《ききん》となりました。「江戸小氷期」と呼ばれているものですが、将来にわたり近年の猛暑が継続するかどうかは必ずしも確定的ではないのです。

実際、自然界には長短さまざまな周期の変動があり、最近の異常気象と思われる現象も長い時間軸で捉える必要があります。よって約20年後に「ミニ氷河期」が到来するかどうかも、「長尺の目」で判断しつつ近未来を予測する必要があるのです。

第６章
宇宙とは何か

生命起源の謎に迫る日本の小惑星探査機「はやぶさ2」が地球に帰還する時のイメージ図（画像提供:JAXA）。地球への帰還は2020年を予定している（2019年8月現在）

前章までは、地球に目線を置いてさまざまな現象や歴史を解説してきました。
本章では、広く宇宙全体を視野に入れて解説していきたいと思います。

1 宇宙の誕生と構造

†宇宙の始まりはビッグバン！

最先端の科学では、138億年前まったく何も物質がない「無」の空間に、「極微小《ごくびしょう》」の宇宙が誕生したと考えられています。その宇宙はできたとたん急激に膨張《ぼうちょう》して（「宇宙インフレーション」といいます）、誕生からわずか 10^{-34} 秒ののち「ビッグバン」が起こりました。

なお、ビッグバンとは、超高温・超高密度のエネルギーのかたまりが急激に膨張し、火の玉が弾《はじ》け飛ぶように宇宙が始まったとする説です。そして、現在も宇宙は膨張し続けているのです（後述します）。

このビッグバン説は、1946年アメリカの物理学者ジョージ・ガモフ（1904―68年）によって提唱されました。「宇宙は、超高温・超高密度の火の玉が弾《はじ》けることで始

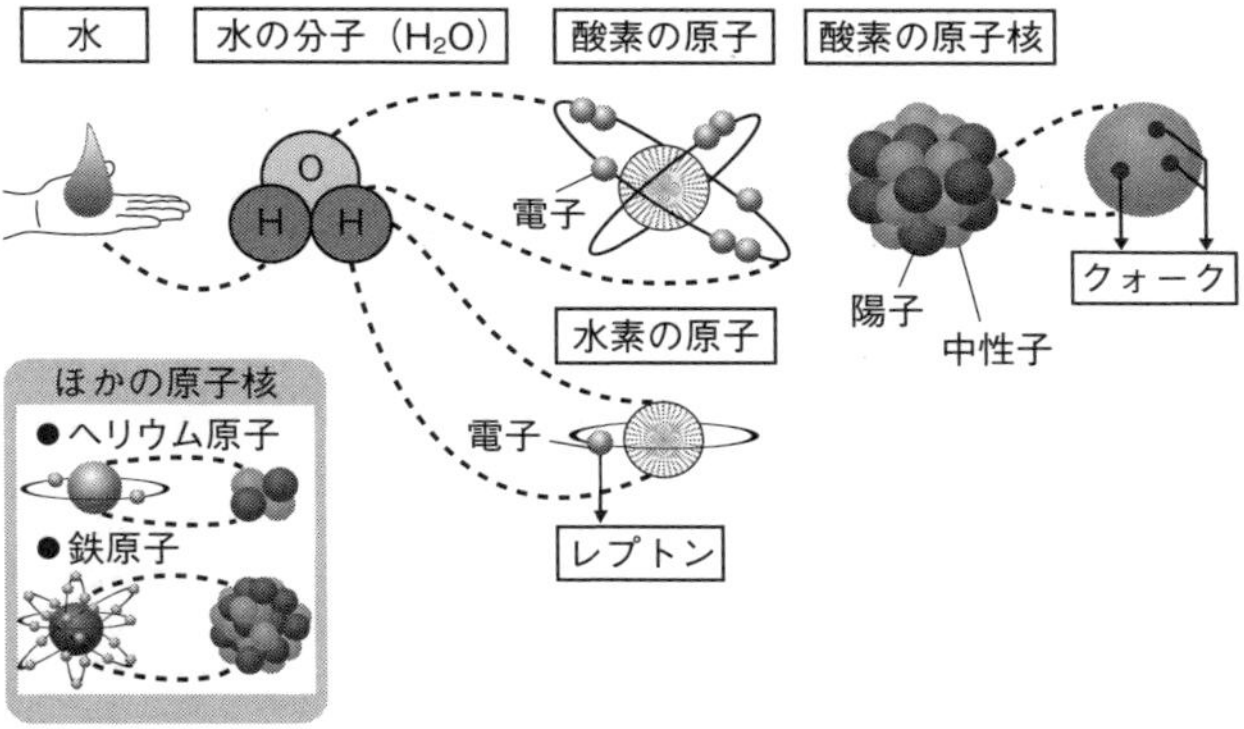

図6-1-1：物質と原子、素粒子（ウェブサイト「とんとろりの独り言」による図を一部改変）

軽い ⟷ 重い

	第1世代	第2世代	第3世代
クォーク	アップクォーク	チャームクォーク	トップクォーク
	ダウンクォーク	ストレンジクォーク	ボトムクォーク
レプトン	電子	ミュー粒子	タウ粒子
	電子ニュートリノ	ミューニュートリノ	タウニュートリノ

図6-1-2：クォークとレプトンの種類

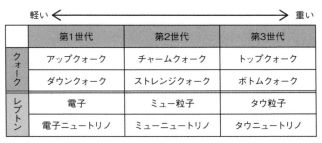

まった」という仮説は、当時の常識からかけ離れていたため、ビッグバン（でたらめの大ボラふきという意味）と批判されました。しかしガモフ本人はこの名前が気に入って、自らも「ビッグバン説」と名乗るようになったといいます。

現在の宇宙空間に存在する、あらゆる素粒子がこのとき誕生しました。素粒子とは、物質を構成する最小の単位のことで、陽子や中性子などを構成する「クォーク」や「レプトン」などが発見されています（図6-1-1）。

クォークとレプトンは、現在いずれも6種類確認されています（図6-1-2）。

このビッグバンによって宇宙は四方八方へと膨張し始めたのですが、そのとき宇宙は光と熱と素粒子に満ちあふれ、数兆℃という見当もつかない高温で、さらに超高密度な状態になりました。

◆宇宙に元素ができるまで

宇宙誕生ののち10万分の1秒後、宇宙の温度が1兆℃に下がったことで、素粒子のクォークが合体するようになりました。そのわずか後、宇宙誕生後1万分の1秒後には、クォークの合体によって「陽子」（すなわち水素の原子核）と「中性子」が誕生しました。

陽子も中性子もアップクォークとダウンクォークが3つ合体してできています。アップクォーク2個とダウンクォーク1個で陽子になり、アップクォーク1個とダウンクォーク2個で中性子になります。

さらに、宇宙誕生ののち3分後、宇宙の温度は3億℃まで下がり、「核融合反応」が起こるようになりました。このとき、陽子と中性子が核融合反応してヘリウムの「原子核」ができました。

こうした核融合反応の結果、宇宙にある元素は水素（H）が93％、ヘリウム（He）が7％という割合になりました。さらに、微量ですがリチウム（Li）やベリリウム（Be）の原子核も作られました。

宇宙誕生から38万年たったころ、宇宙空間をただよう電子と原子核が結びついて「原子」が誕生しました。その結果、宇宙空間を霧のように覆っていた電子が急速に減り、光が宇宙空間を通過できるようになりました。このことを「宇宙の晴れ上がり」といいます。

そのときの光（電磁波という形で物理的に観測できます）が130億年以上もかけて地球にやってきていることが見つかりました。1965年、アメリカ・ベル研究所のアーノ・ペンジアス（1933年―）とロバート・ウィルソン（1936年―）が電波ノイズの観測中に発見したのです。それがビッグバン説を証明することになりました。後に二人は、この功績で1978年のノーベル物理学賞を受賞しています。

さて、宇宙誕生から3億年ぐらいの間は、水素、ヘリウム、リチウム、ベリリウムの4つの原子しかありませんでした。みなさんが化学の授業で習った周期表の最初の4つの原子です。

ちなみに、陽子や中性子、電子などの微小な粒子と比較すると、原子は数百倍も大きい物質です。そのため、原子と原子の間には「万有引力《ばんゆう》」という引き合う力が働きます。原子同士が互いに引き合い、融合して大きくなっていくのです。こうした力が基となって、気の遠くなるような長い年月を経て、やがて「星」の誕生へとつながっていきました。

✝宇宙に銀河ができるまで

宇宙誕生から5億～10億年後、「原始銀河」が誕生しました。原始銀河とは、原始宇宙にただよっていた水素とヘリウムが集まり始めて作られた「雲」のようなものです。その雲の中心では、水素やヘリウムの原子が激しくぶつかり合って、合体を続けていきます。その結果作られた最初の星を、「ファーストスター」と呼んでいます。

ファーストスターは超巨大な星で、重さが現在の太陽の100倍もあり、表面温度は10万℃もありました。こうしたファーストスターの内部では、水素とヘリウムが核融合することで、さまざまな元素が作り出されていったと考えられています。

その後に引き続いた核融合反応によって、それまで宇宙に存在しなかった、炭素（C）、ケイ素（Si）、鉄（Fe）などがファーストスターの内部で作られました。やがて星としての寿命を終えたファーストスターは大爆発して、宇宙空間へ新しく作られた元素をまき散らしていきました。

これらの元素は、さらに新しい星の材料になっていったのです。そしてそれらの星も、生まれては寿命を終えると大爆発するというサイクルを、さらに何億年も続けるようになったのです。このようにして、原始銀河の中では星の数が増え続け、おびただしい時間をかけて銀河へと進化していきました。

やがて、原始銀河の数は1000億個にも及ぶようになりました。また、水素とヘリウムからなる原始銀河は、雲のように楕円《だえん》や渦巻《うずま》きの形をとりながら動いていきました。私たちの太陽系が属す銀河系も、そのような原始銀河から進化してできたものです。

なお、原始銀河は原始宇宙の中で、均一にできていったのではありません。宇宙空間には、時間の経過とともに水素やヘリウムの密度の高い（雲が濃い）部分と、低い（雲が薄い）部分に分かれていきました。このような現象を、物理学では「ゆらぎ」と呼んでいます。

こうしたゆらぎによって、宇宙空間には、物質が集まる部分と、物質が希薄な部分とができ、かなり不均一な状態を形成していきました。人類が実際にゆらぎを観測できたのは、1992年NASAの打ち上げたCOBE《コービー》（宇宙背景輻射《ふくしや》探査機）という人工衛星によってです。

✝ダークマターと宇宙の構造

ところでこの宇宙空間には、人類には観測できない未知の物質が存在することが次第に明らかになってきました。

私たちの銀河の星々は、渦を巻くように公転しています。その公転の速度は、銀河内部の星々の重力で決まるはずです。ところが、銀河の速度を観測することで、銀河系内の恒星の質量の10倍近くも大量に、未知の物質が存在していることがわかったのです。

この未知の物質は、「ダークマター（暗黒物質）」と名付けられました。ダークマターは光や電波などの電磁波では観測できず、まったく知ることのできない存在です。ダークマターの正体に関しては、「褐色矮星《かつしよくわいせい》」や「ブラックホール」などの光らない天体（後ほど解説します）、もしくは未知の素粒子などが可能性として検討されています。しかし、その正体はいまだ解明されていません。

その一方、ダークマターの存在から宇宙全体の構成要素がわかってきました。私たちが知ることのできる通常の物質（原子）は約４％にすぎません。そのほかはすべて未知の物質で、そのうちダークマターといわれる物質は約23％もあります。

しかも、宇宙を構成する大部分の約73％は、私たちの知っている原子でもなく、またダークマターですらないのです。それは、宇宙の膨張を加速するための未知のエネルギーで、「ダークエネルギー（暗黒エネルギー）」と名付けられています。

ダークエネルギーは、私たちの常識とはかけ離れたもので、私たちが知っている物質やエネルギーの法則はまったく通用しません。つまり、ダークエネルギーは宇宙が膨張してもその密度は薄くならないという、とても不思議な性質をもったエネルギーです。ところが、この物質がなければ現在の宇宙を説明できないエネルギーでもあるのです。

このダークエネルギーは、ビッグバンの原動力で、強力な力である引力によって宇宙がつぶされないように作用しているのではないか、とも考えられています。

なお、物質と物質の間では、引き寄せ合う引力とは反対の力である「斥力《せきりょく》」も働いています。この斥力にあたるエネルギーがダークエネルギーで、その力で宇宙は今も膨張し続けているという説明がされています。いずれにせよ、今後の物理学の進展によって明らかにされる最先端の考え方です。

【センター試験問題】

約137億年前に誕生した宇宙では、その進化の過程でさまざまな現象が起こった。次の文a～cに示された現象は、どのような順序で起こったか。その順序として最も適当なものを、下の①～⑥のうちから一つ選べ。

a　炭素・酸素などを含まない最初の恒星が生まれた。

b　ガスと塵（ケイ酸塩や氷などでできた固体微粒子）からなる星間雲ができ始めた。

c　ヘリウムの原子核がはじめてできた。

① a → b → c
② a → c → b
③ b → a → c
④ b → c → a
⑤ c → a → b
⑥ c → b → a

（2016年度地学基礎、追試験、第3問、A、問1）

【問題の解答】

正解：⑤

〈考え方のポイント〉

宇宙誕生ののち3分後、「核融合反応」が起こるようになり、陽子と中性子が核融合反応で合体してヘリウムの「原子核」ができました。↓c

宇宙誕生から5億〜10億年後、「原始銀河」が誕生し、水素やヘリウムの原子はぶつかり合って、合体を続けていきます。その結果作られた最初の星を「ファーストスター」と呼びます。↓a

ファーストスターの内部では、水素とヘリウムが核融合することで、それまで宇宙に存在しなかった、炭素、ケイ素、鉄などが作られました。やがて星としての寿命を終えたファーストスターは大爆発して、宇宙空間へ新しく作られた元素をまき散らしていきました。↓b

2　恒星の誕生と進化

†恒星ができるまで

　宇宙空間には、水素やヘリウムやその他さまざまな元素がただよっていて、これらの元素は一様に分布するのではなく、濃い部分と薄い部分があることはお話ししました。ここで物質の濃い部分は「星間雲《せいかんうん》」と呼ばれます。

　星間雲では、その中の密度が高い部分で、原子自らの重力によって原子同士が集まって収縮が始まり星の元ができます。こうした星の元はさらに収縮し、やがて赤外線を放射するようになり「原始星」ができます（図6-2）。原始星はさらに収縮して内部の温度が上昇していきます。

　そして中心部の温度が1000万Kを超えると、あらたに核融合反応が始まります。なお、Kは温度の単位で「ケルビン」と読みます。0Kはマイナス273℃に相当し、1000万Kは999万9727℃です。

　この時点で原始星の収縮は止まり、自分で光を発するようになり、新たな恒星《こうせい》が誕生します。このようにしてできた、安定した恒星を「主系列星《しゅけいれつせい》」と呼んでいます。

✝主系列星の大きさと寿命

一般的に星は、自らを収縮させようとする重力と、内部で作られた熱によって星を膨張させようとする圧力のバランスで、それぞれの大きさが決まります。主系列星は、中心部で核融合反応が起こり恒星の内部を高温高圧に保っています。こうして重力との釣り合いを保っているため、安定して輝き続けるのです。

主系列星の内部で起きている核融合反応は、燃料となる水素がなくなるまで続きます。水素がなくなり核融合反応ができなくなったときが、主系列星の寿命ということになります。

その寿命は、主系列星の質量で決まります。直感的に考えると、質量の大きな恒星のほうが寿命が長いように感じますが、実際には小さな恒星のほうが寿命が長くなります。

その理由は、質量の大きな恒星は燃料である水素をたくさんもっていますが、大きくなればなるほど重力が強くなり、中心部は高温高圧になり水素の核融合反応も激しくなり水素の消費量が大きくなってしまうからです。

私たちの太陽の大きさだと、寿命は約１００億年といわれています。太陽ができてすでに46億年経っていますから、人間でいえばまだ人生の折り返しになっていません。ちなみに、太陽の10倍の質量の恒星の寿命は約2500万年です。100倍だと約300万年、逆に半分の大きさでは約1700億年と考えられています。

†恒星の終焉と赤色巨星

主系列星の中心部では、核融合反応で水素が消費され、ヘリウムが燃えかすのようにたまってきます。ヘリウムは水素より重いので、主系列星の中心部にはヘリウムが蓄積して中心核が形成されます。

その後、水素の核融合反応がヘリウムの中心核の外側で起こるようになると、中心核は収縮し始め温度が上昇します。中心核で発生した高温は、その外層にある水素に核融合反応を引き起こします。

この核融合によって生じた高温状態により、恒星の外層は極端に膨らんでいきます。こうした状態の恒星を「赤色巨星《せきしょくきょせい》」と呼びます（図6-2）。

赤色巨星は、外層の膨張によってさらに半径が増加し赤色の星になりますが、一方で表面温度は低くなります。ちなみに、我々の太陽が赤色巨星になると、その外層は金星まで到達すると見積もられています。

†赤色巨星以降の恒星の進化と終末

赤色巨星となったステージ以降も、恒星の進化は続きます。そのプロセスと変化の特徴は、恒星の質量によって違います。

①太陽の質量の半分以下の恒星

この質量の恒星では、水素をすべて消費しても中心核のヘリウムに核融合反応が起こるほど高温にはなりません。そのため、時間とともに徐々に暗くなり、外層のガスは宇宙空間へ拡散していきます。

その後、中心部のみがヘリウムの燃えかすになり、ヘリウムを多く含む白く小さな星、すなわち「白色矮星《はくしょくわいせい》」となります（図6-2）。白色矮星のサイズは地球程度の大きさですが、質量は太陽ほどもある、極めて高密度の星です。

白色矮星の内部では核融合反応が停止しているので、徐々に冷えて数十億年もたつと暗黒色の「矮星」になり光ではまったくとらえられない星になります。

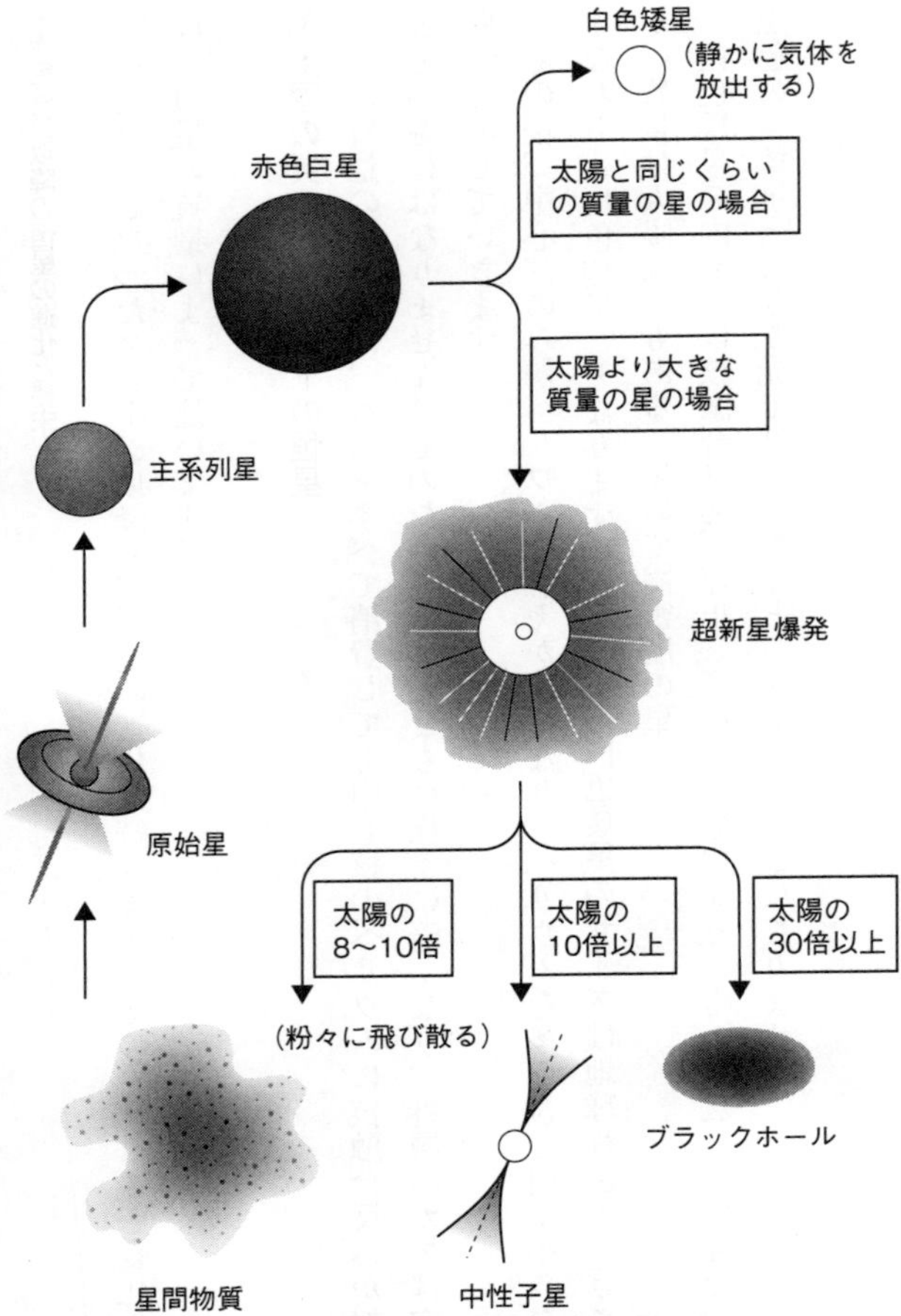

図6-2：宇宙にある恒星の一生。超新星爆発後の過程は研究者によってさまざまな考え方がある

②太陽の質量と同じくらいの恒星

ヘリウムの中心核は収縮を続け、中心核の温度が1億Kを超えるようになります。するとヘリウムは核融合反応を加速し、炭素や酸素が作られ大量のエネルギーを出します。恒星の外層はさらに膨らみ、外層を構成するガスを重力でとどめておけなくなり、宇宙空間へ流れていきます。

ちなみに、こうした状態の天体を「惑星状星雲」といい、恒星から流れ出たガスが球状に広がり、その中心には白色矮星になる途上の恒星が観測されます。そして、やがて炭素や酸素を多く含む白色矮星へ進化していきます。

③太陽の8倍以上の質量の恒星

この質量になると②の恒星よりも中心温度がさらに高くなり、ヘリウムからできた炭素や酸素がさらに核融合反応を起こし、ネオン（Ne）、マグネシウム（Mg）、ケイ素（Si）、鉄（Fe）などの元素が作られます。

その後、恒星の中心部の温度が約40億Kを超えると、恒星の中心部にある鉄はヘリウムと中性子に分解されエネルギーを吸収します。

そのため、急激に恒星内部の温度が低下して圧力も低くなり、星自身の重さを支えきれ

図6－3　：世界で初めて撮影されたブラックホールの画像（ＥＨＴプロジェクト／新華社／共同通信イメージズ、2019年４月10日による）。なお、これは活動銀河の中心にあるブラックホールである（277頁参照）

なくなります。その結果、恒星の中心に向かって急速に押しつぶされていきます。一方、こうした反動によって恒星の外層部（外側の部分）が激しく吹き飛ばされて大爆発が起こります。このように恒星全体が爆発する現象を「超新星爆発」と呼んでいます。

超新星爆発が起こると、恒星の中心部は超高密度（１cm³あたり約10^{12}kg）になります。この状態では、電子は陽子に押し込まれてしまい中性子になってしまいます。そのため恒星の中心部は、中性子を主成分とする「中性子星」という、小さな超高密度の星に生まれ変わります。

さらに質量の大きな巨大な恒星は、中性子星になっても自らの強い重力を支えきれなくなり、安定した状態を保てずに、どこまでも収縮していきます。重力はますます大きくなって、光さえ外部へ出られなくなります。それが、私たちからは見ることができない「ブラックホール」なのです。ブラックホールは直接見ることはできませんが、近くに大きな星があると、ブラックホールへガスなどが流れ込み、強いX線を放ちます。その強力なX線から初めて、ブラックホールの存在が確認できるのです（図6-3）。

†恒星の進化がわかるHR図

恒星の進化を知るために、たいへん便利な図があります。HR図といいますが、デンマークの天文学者アイナー・ヘルツシュプルング（1873―1967年）とアメリカの天文学者ヘンリー・ノリス・ラッセル（1877―1957年）によって、別々に提案された図です。彼らの頭文字をとってHR図と短く呼ばれるようになりました（図6-4）。

この図は現在の太陽の進化を示しています。太陽は今から50億年ほど前に原始星として誕生した後、輝きを増して主系列星の線上に入りました。

これからの太陽は、水素が核融合反応で燃えた後にできるヘリウムが大量にたまり、ヘリウムの中心核ができます。さらにこの中心核が収縮し温度が上がり、やがて赤色巨星へと進化していきます。それが今から50億年後と考えられていますが、そのときに太陽の外

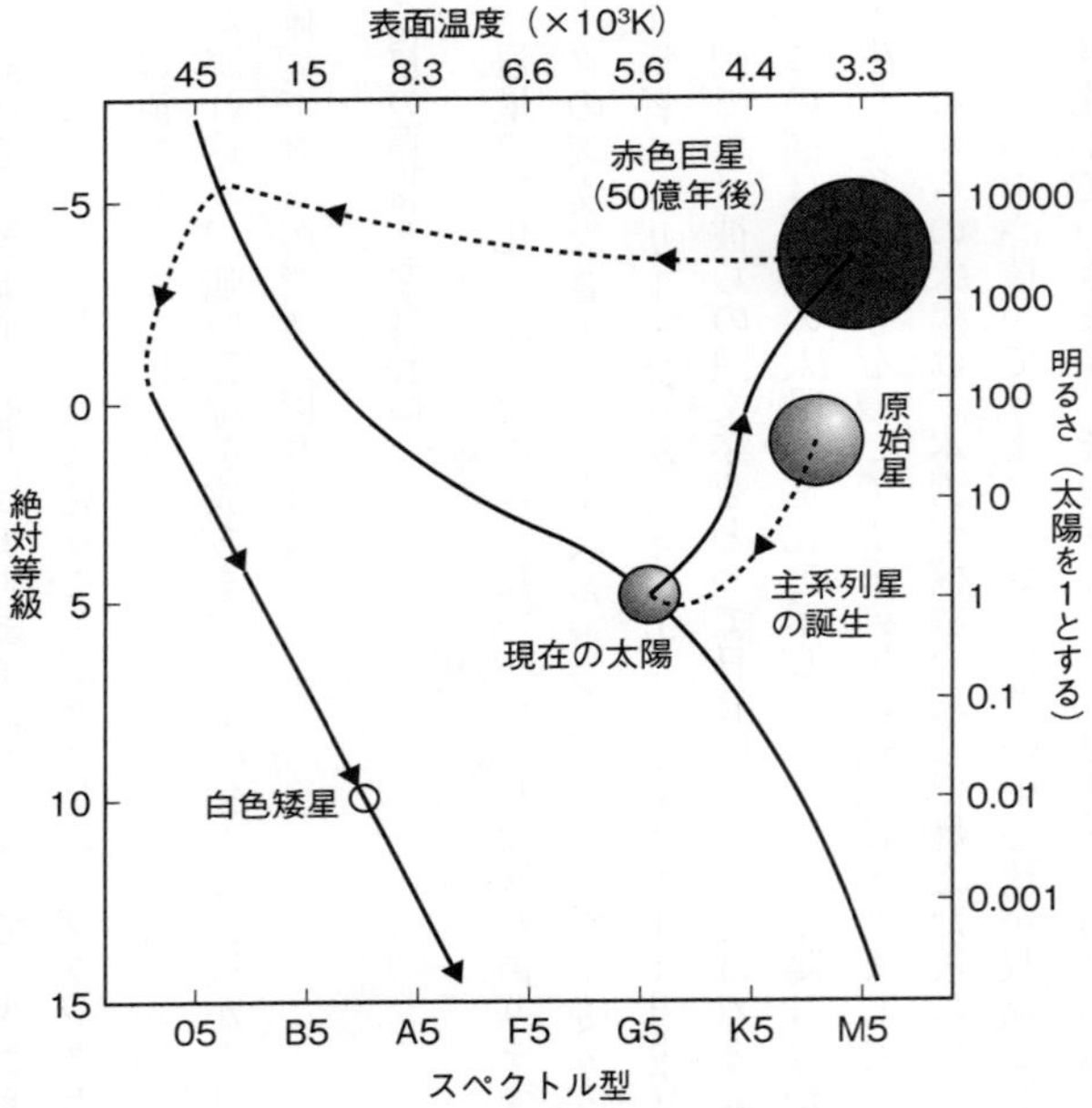

図6-4：明るさと表面温度を示すHR図でたどる太陽の一生

層は金星まで達し、金星から水星までの惑星はすべて太陽に飲み込まれてしまいます。

その後、太陽は外層のガスを放出しながらゆっくりと小さくなり、表面の温度は高くなっていきます。そして図6-4の点線のカーブを描きながら、やがて白色矮星になっていきます。

なお、HR図ではグラフの縦軸には、「明るさ」と「絶対等級」を、横軸には「表面温度」と

「スペクトル型」をとっています。

絶対等級とは、補正した明るさのことです。地球から見た星々の明るさは、遠くにある星ほど暗く見えます。同じ明るさの恒星でも、距離が遠くなると暗くなるのです。こうした事情を考慮し絶対等級は、恒星の明るさを見かけではなく本来の明るさで表したものです。つまりすべての星を、同じ距離10パーセク（＝32・6光年）から見た明るさに補正して表しています。なおパーセクとは、天文学で使われる非常に長い距離を表す単位です。

さて、光をプリズムに通すと赤から紫までの連続した帯状に現れます。アイザック・ニュートン（1643―1727年）は、この帯をスペクトルと名付けました。さらに、ドイツの物理学者ヨゼフ・フォン・フラウンホーファー（1787―1826年）は、星のスペクトルの中に細く暗い縦線（「吸収線」）があることを発見しました。

こうした吸収線を基準に星を分類したものを「スペクトル型」と呼び、HR図ではO型、B型、A型、F型、G型、K型、M型の順序に並べて表示します（図6-4の下の横軸）。これらをもっと細かく分類する場合は、B0型やA5型など、それぞれの型の後に0から9までの数字を付けて表します。

【センター試験問題】

恒星の性質と進化に関する次の文章を読み、下の問い（問1～2）に答えよ。

星間雲の密度が高い部分が（　ア　）すると原始星ができる。原始星は周囲を厚い星間物質に覆われているため、（　イ　）では観測することが困難である。やがて原始星の中心部で核融合反応が起こると、原始星はⓐ主系列星へと進化する。主系列星の絶対等級はそのスペクトル型と関係があるので、星のスペクトル型がわかると、その星の見かけの明るさと絶対等級を使って星までの距離を導出できる。

問1　上の文章中の（　ア　）・（　イ　）に入れる語の組合せとして最も適当なものを、次の①～④のうちから一つ選べ。

	ア	イ
①	収縮	可視光線
②	収縮	赤外線
③	膨張	可視光線

④膨張　　赤外線

問2　上の文章中の下線部（a）に関連して、恒星の進化と終末の状態について述べた文として最も適当なものを、次の①～④のうちから一つ選べ。

①主系列星が巨星に進化すると表面温度が高くなる。
②中性子星は白色わい星より高密度である。
③すべての星は最終的に超新星爆発を起こす。
④惑星状星雲の中心にはブラックホールがある。

（2017年度地学、追試験、第4問、A、問1～2）

【問題の解答】

問1　正解：①

〈考え方のポイント〉

星間雲ではその中の密度が高い部分で、原子自らの重力によって原子同士が集まって「収縮」が始まり星の元ができます。星の元はさらに「収縮」し、やがて赤外線を放射するようになり「原始星」ができます。

原始星の周りには厚い星間物質が取り巻いているので、光は星間物質に吸収されて「可視光線」では見ることができません。そのため、星間物質に吸収されにくい赤外線で見ることになります。

問2　正解：②

〈考え方のポイント〉

①誤り：主系列星が巨星に進化すると、表面温度は低くなります。

②正しい：中性子星は白色矮星より高密度です。

③誤り：超新星爆発を起こすのは、太陽の8倍以上の質量をもつ恒星のみです。

④誤り：惑星状星雲の中心には白色矮星になる途中の恒星があります。

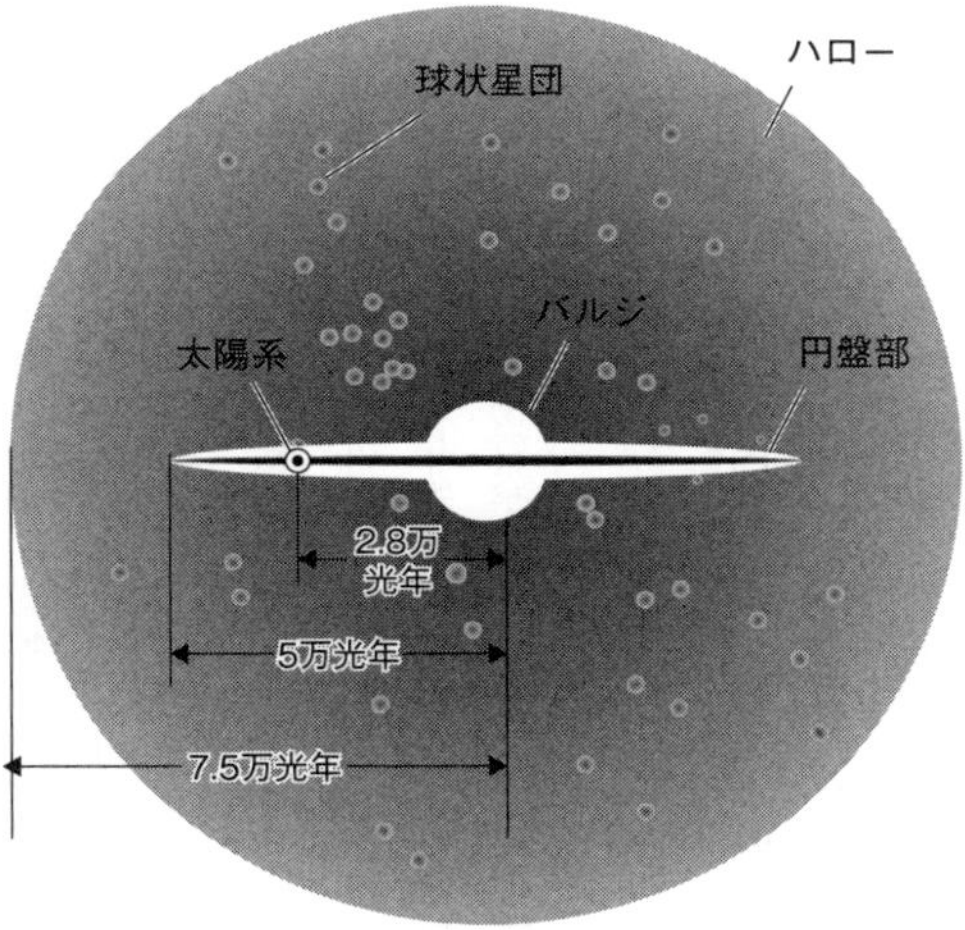

図6-5：銀河系の構造（数研出版発行『地学』による図を一部改変）

3　私たちの銀河系

夜空に見える天の川が、私たちが属する銀河系の姿です。「銀河系」はおよそ2000億個もの星々で構成されています。天の川がおびただしい数の星の集合体だということを発見したのは、18世紀イギリスの天文学者ウィリアム・ハーシェル（1738―1822年）でした。

†銀河系の構造

私たちの銀河系は、「天の川銀河」とも呼ばれる星々の集合体です。その中に、私たちの太陽系も含まれています。銀河系を構成するのは、２０００億個の恒星のほかに星間ガスや星間塵《じん》、そしてダークマターです。

その姿は、上から見ると星々などが渦を巻いている円盤状で、直径は約10万光年もあります。また横から見ると、巨大な凸レンズ状で、真ん中が厚く盛り上がっています。この厚い部分を「バルジ」、その周りを「円盤部」と呼んでいます（図6-5）。

さらに、この円盤状の周りにも１００個あまりの「球状星団」と古い星が、直径15万光年の範囲で球状に分布している部分があります。この領域は「ハロー」と呼ばれています。なお球状星団とは、年老いた星が球状に密集している部分です。それに対して円盤部分には、若い星と星間物質が多く分布しています。

†銀河系の公転と中心部

銀河系のバルジと円盤部は、銀河系の中心の周囲を公転しています。私たちの太陽系は銀河の中心部から約２・８万光年離れた円盤部の中にあります。太陽系は約２２０km／秒の速度で回転し、約2億年の周期で公転しています。

銀河系の中心部は、天の川のいて座の方向にあります。この中心部では強い電波源が観測され、その質量は太陽の約４００万倍もあることから、巨大なブラックホールではないかと推定されています。

【センター試験問題】

銀河系に関する次の文章を読み、下の問い（問4、5）に答えよ。

夜空に白い雲の帯のように見える天の川は、数多くの恒星から構成される銀河系を内側から見た姿である。ⓑ銀河系には、恒星のほかに星間ガスや星間塵（固体微粒子）などの星間物質も存在している。

銀河系円盤部の恒星や星間物質は銀河系中心の周りを回転している。その回転速度は、銀河回転による（ ア ）が、銀河系を構成する天体や物質による（ イ ）とつり合うように決まっており、銀河回転曲線から銀河系の質量を求めることができる。このようにして推定された銀河系の質量は、実際に観測されるすべての星と星間物質の質量を足し合わせた値よりもかなり大きく、（ ウ ）が存在する証拠の一つとなっている。

問4　文章中の（ ア ）〜（ ウ ）に入れる語の組合せとして最も適当なものを、次の①〜⑧のうちから一つ選べ。

	ア	イ	ウ
①	コリオリの力（転向力）	引力（重力）	ダークマター
②	コリオリの力（転向力）	引力（重力）	ボイド
③	コリオリの力（転向力）	圧力	ダークマター
④	コリオリの力（転向力）	圧力	ボイド
⑤	遠心力	引力（重力）	ダークマター
⑥	遠心力	引力（重力）	ボイド
⑦	遠心力	圧力	ダークマター
⑧	遠心力	圧力	ボイド

問5　文章中の下線部（b）に関連して、銀河系の星間物質について述べた文として最も適当なものを、次の①～④のうちから一つ選べ。

①可視光で観測すると、赤外線よりも銀河系円盤部の星を遠くまで見通すことができる。

②電波によって中性水素ガスの分布を調べると、銀河系が渦巻き構造をしていること

がわかる。
③銀河系のなかの星や星間物質が存在していない領域は、暗黒星雲として観測される。
④星間雲のなかの密度の小さい領域では、一酸化炭素や水素分子などの分子が多くつくられ、分子雲が形成される。
（2015年度地学、本試験、第5問、B、問4、問5）


【問題の解答】

問4　正解：⑤
〈考え方のポイント〉

　銀河系中心の周りを公転している恒星や星間物質は、回転による「遠心力」と銀河系の「引力（重力）」が釣り合った状態にあります。

　私たちの銀河の星々の公転の速度は、銀河内部の星々の重力で決まるはずです。ところが、銀河の速度を観測すると、銀河系内の恒星の質量の10倍近くも大量に、未知の物質が存在していることがわかったのです。この未知の物質は、「ダークマター」と名付けられました。
「ボイド」とは宇宙空間の中で、ほとんど銀河が存在しない領域のことです。

問5 正解：②

〈考え方のポイント〉

①誤り：可視光は星間物質で吸収されてしまい、見通しは悪くなります。赤外線は星間物質による吸収を受けにくいので、銀河系円盤部の星を遠くまで見通すことができます。

②正しい：星間物質のほとんどは中性水素ガスなので、その分布を調べることで、銀河系が渦巻き構造をしていることがわかりました。

③誤り：暗黒星雲は星間物質が濃密な部分です。

④誤り：星間雲のなかの密度の大きい領域で、一酸化炭素や水素分子などの分子が多く作られ、分子雲が形成されます。

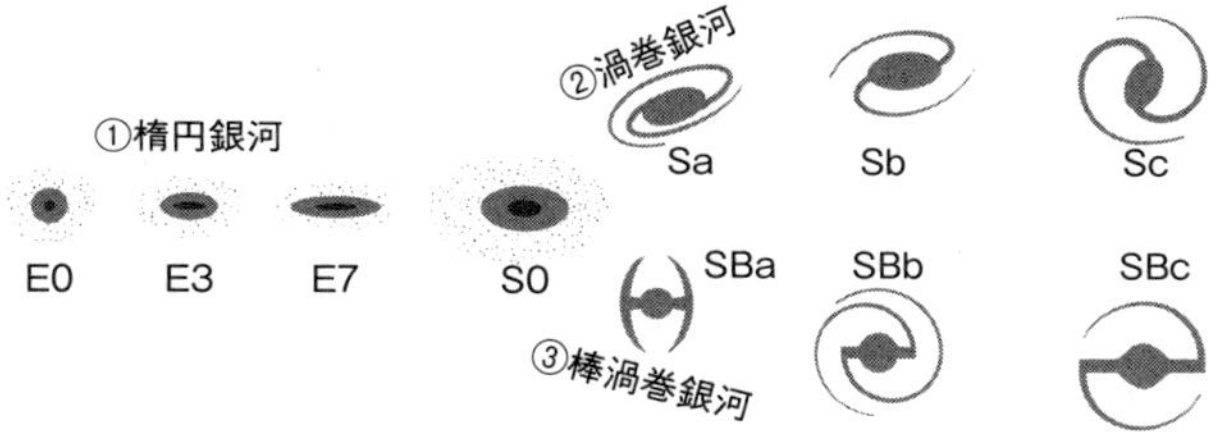

図6-6：ハッブルによる銀河の分類（数研出版発行『地学』による図を一部改変）

宇宙には、私たちの銀河系のような「銀河」が2兆個以上あると考えられています。さらに1つの銀河は、数百万～数千億個もの「恒星」で構成されています。

その銀河も集団を形成しています。数個～数十個の銀河集団を「銀河群」、100個以上の銀河集団を「銀河団」と呼んでいます。

私たちの銀河系は、アンドロメダ銀河を中心とした直径600万光年の領域に50個以上の銀河集団を作っていて、「局部銀河群」と呼ばれています。

†銀河の形による分類

数多くの銀河を調べたのは、ハッブル望遠鏡にその名を残しているアメリカの天文学者エドウィン・ハッブル（1889─1953年）です。ハッブルは天文学においても数々の重要な発見をしていますが、銀河を分類して整理したことも業績の一つです。

ハッブルは、形状から銀河を大きく4つに分類しました（図6-6）。詳しく見ていきましょう。

楕円《だえん》銀河：望遠鏡で見たとき、円形や楕円形に見える銀河ですが、実際には立体的に星が集まっています。星間ガスや星間塵が少ない、老いた恒星が集まっている銀河です。

渦巻《うずまき》銀河：円盤構造をもつ銀河で、美しい渦巻きが特徴です。星間ガスや星間塵を含み、中心には私たちの銀河系と同様のバルジと呼ばれる部分があります。バルジを中心にした渦の巻き方や渦巻腕の数で、さらに分類されています。

棒《ぼう》渦巻銀河：渦巻銀河と同じく円盤構造をもつ銀河です。渦巻銀河と違うのは、中央に銀河の中心を通る棒状の構造をもち、その両端から渦巻腕がのびている点です。

不規則銀河：①〜③の分類に入らず、不規則な形をしている銀河の総称です。

†活動する銀河

銀河は「中心核」の特徴によっても分類されることがあります。中心核とは、銀河の中心部のことで、星が最も多く集まっているところでもあり、銀河の中で最も明るく輝いています。地球から遠い銀河の場合、中心核の明るさしか観測できないものもあります。

本来、中心核の明るさは、そこに集まっている星の明るさの合計に等しくなるはずです。

ところが、そこにある星の明るさの合計よりもはるかに明るく輝いている銀河が存在することがわかりました。それを「活動銀河」と呼んでいます。

この活動銀河の中心には巨大なブラックホールがあるのではないかと考えられています。このタイプのブラックホールの質量は太陽の100万〜10億倍にもなる超巨大なもので、「超大質量ブラックホール」といわれています。

恒星のように見える天体の中で、距離を調べると極端に遠いところにあり、明るさを調べてみると通常の銀河の1000倍以上にもなるものが1960年代に見つかりました。この天体は「クェーサー（準恒星状天体）」と名付けられました。クェーサーの中心には、巨大なブラックホールがあると考えられています。

クェーサーが見つかる前、クェーサーと同じように中心核が非常に明るい渦巻銀河が見つかっています。ちなみに、アメリカの天文学者カール・セイファート（1911—1960年）が系統的に研究したため、セイファート銀河と呼ばれています。

さらに不思議な活動をするものに、非常に強い電波を出している「楕円銀河」があり、これは「電波銀河」とも呼ばれています。

【センター試験問題】

銀河系と銀河に関する次の文章を読み、下の問い（問5、6）に答えよ。

(c)銀河系は渦巻構造をもつ銀河で、円盤部と円盤部全体を取り囲む（ ウ ）からなる。散開星団は円盤部に、球状星団は（ ウ ）に分布している。また、宇宙には銀河系だけでなく、さまざまな銀河が存在している。銀河は（ エ ）によって提案された方法で分類されることが多い。

問5 文章中の（ ウ ）・（ エ ）に入れる語の組合せとして最も適当なものを、次の①～④のうちから一つ選べ。

	ウ	エ
①	バルジ	ハーシェル
②	バルジ	ハッブル
③	ハロー	ハーシェル
④	ハロー	ハッブル

問6 文章中の下線部（c）の銀河系について述べた次の文a・bの正誤の組合せとし

て最も適当なものを、次の①～④のうちから一つ選べ。

a　銀河系の質量の大半は、未知のダークマターが担っていると推定されている。

b　銀河系の中心には、太陽の100万倍以上の質量をもつブラックホールがあると推定されている。

	a	b
①	正	正
②	正	誤
③	誤	正
④	誤	誤

（2017年度地学、本試験、第4問、B、問5、問6）

【問題の解答】

問5　正解：④
〈考え方のポイント〉
ウ：円盤部全体を取り囲み、球状星団が分布しているのは「ハロー」と呼ばれる部分です。
エ：銀河を形状で分類したのは「ハッブル」です。

問6　正解：①
〈考え方のポイント〉
a　正しい：銀河系中心の周りを公転している恒星や星間物質は、回転による「遠心力」と銀河系の「引力（重力）」が釣り合った状態にあります。私たちの銀河の星々の公転の速度は、銀河内部の星々の重力で決まるはずです。
　ところが、銀河の速度を観測すると、銀河系内の恒星の質量の10倍近くも大量に、未知の物質が存在していることがわかったのです。この未知の物質は、「ダークマター」と名付けられました。
b　正しい：銀河系の中心部では強い電波源が観測され、その質量は太陽の約400万倍もあることから、巨大なブラックホールであると考えられています。

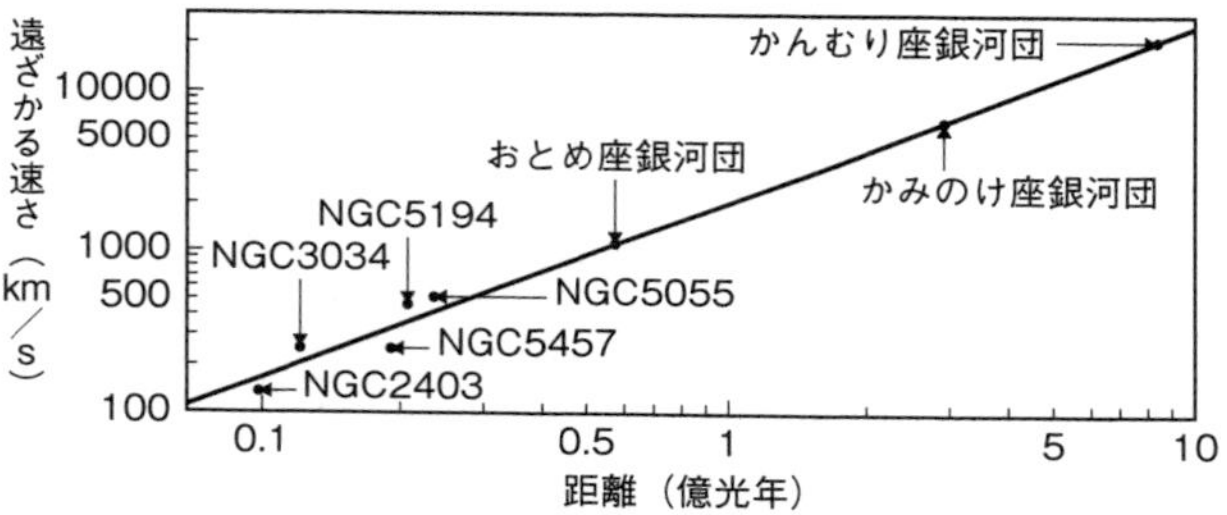

図6-7：それぞれの銀河が地球から遠ざかる速さと地球からの距離。図中枠内に銀河名とその位置づけをプロットした（数研出版発行『地学』による図を一部改変）

膨張する宇宙

1929年、ハッブルは銀河が地球から少しずつ遠ざかっていることに気がつきました。しかも、私たちの銀河系から遠い銀河ほど私たちから速く遠ざかっていることを発見したのです（図6-7）。一方で、近づいてくる銀河は当時知られていませんでした。こうした関係は、のちに「ハッブルの法則」と呼ばれるようになりました。

この発見は、これまで人類がいだいていた宇宙観、すなわち「宇宙は無限で不変、一定なもの」をひっくり返すものでした。宇宙は一定の速度で、あらゆる方向へ向かって一様に膨張していたからです。

こうした膨張によって拡大するのは、宇宙全体の空間としての大きさで、具体的には、星と星との間の距離が広がっています。つまり、星そのものが大きくなっているわけではありません。

もし、宇宙が一様に膨張しているのならば、過去にさかのぼれば宇宙はもっと小さかったはずです。さらに、どんどん過去に戻っていけば、宇宙は一点から始まったということになります。

そうであるならば、現在の宇宙は一点から始まり、どのような時間を経ているのかも考えることができます。よって、それ以降の天文学と物理学は、そのような疑問に答えるべく進歩してきました。ここで、２４６頁で述べた「ビッグバン理論」がきわめて重要な考え方となってきたのです。

なお、ハッブルは極めてユニークな人生を送った科学者です。私は大いに魅せられて彼の書いた啓発書『銀河の世界』（岩波文庫）を、拙著『世界がわかる理系の名著』（文春新書）で詳しく紹介しました。地学の勉強の一環として、ぜひ宇宙研究の扉を拓いたハッブルの名著にも触れていただきたいと思います。

あとがき

高校地学の学び直しはいかがでしたでしょうか。ここで、地学の勉強法と独特の視点について解説しておきましょう。

†地学の勉強法

地学という教科は、ミクロの鉱物からマクロの宇宙の果てまで、極めて広範囲の自然現象を扱います。具体的には「固体地球」「岩石・鉱物」「地質・歴史」「大気・海洋」「宇宙」という5つのテーマで構成されますが、それらの知識はかなり独立しています。ほかの教科と比べても、数多くの新しい言葉や概念が出てきますが、こうした内容をやみくもに暗記しようとしても、地学は身につきません。

一方、物理や数学に見られるような分野間のつながりは比較的薄いので、逆にテーマごとに別々に学習してもよいのです。

一番大事なことは、自然現象をどのように見るかであり、その過程で考える作業が必要になります。つまり、地球や宇宙について、個々の現象をバラバラに暗記することではなく、こうした現象がどのように、なぜ起きるかを理解することが重要なのです。

たとえば、プレート・テクトニクスでは、「なぜプレートが動くのか？」を考えることで、地上と地下の運動がスムーズに理解できるようになります。

このときに、地学では図や表に表して、さまざまな現象を考えます。たとえば、地質図は地表に残された物質を時間的・空間的に把握する地学独特の方法です。こうした図表を読み解くことで、ある地域の地球の歴史がたちどころにわかるのです。本書でも理解の助けになるようたくさんの図表を用いています。

このように地学で出てくる図や式は、ただ眺めたり覚えたりするのではなく、自分でその意味を考えながら描いたり計算してみましょう。地学の勉強は頭の中だけでするのではなく、実際に手を動かしてみると理解が格段に上がります。

特に地学では、地震、火山、気象など日常生活と関わりの深い現象も学習するので、日々のニュースや天気予報からも多くの地学的な情報が得られます。その他、地球や宇宙を扱ったテレビ番組を見たり、自然の不思議を紹介する科学雑誌に目を通したり、地学にはたくさんのアプローチ方法があります。

さらに、岩石や地層を実際に観察したり、地学で使われる実験の目的や結果を考察することによって、自然現象を考える力が身につきます。たとえば、各県にある科学館や博物館を見学し、講演会に出掛けることも大変役に立つでしょう。いずれも高校地学の背景を作っている活《い》きた知識が得られるはずです。

†人類の存立基盤について知る

高校地学は第二次世界大戦後、高校の教科「理科」の一科目として設定されました。なお、高校理科は、「物質・エネルギー」（物理科目）、「粒子・反応」（化学科目）、「生命・進化」（生物科目）、「地球・宇宙」（地学科目）の四テーマで構成されています。

その中でも地学は、地質学、鉱物学、地球物理学、地球化学、古生物学、自然地理学、気象学、海洋学、天文学、宇宙論など人間を取り巻く自然界の全基盤を扱う極めて多様な内容です。こうした点でも地学は、数学、物理、化学、生物とは一線を画してきたのです。

これらの内容を全て包含する地学の教育では、自然現象に関する基本的な法則や概念を得ることにとどまらず、自然界の多様性を理解するという大きなねらいがありました。さらに、地学を通して科学的な自然観・宇宙観を身につけることも達成目的とされているのです。

私が地学で学んでほしいと思う第一のテーマは、「人類の存立基盤について知ること」

です。これをひとことで表すと、「我々はどこから来て、我々は何者で、我々はどこへ行くのか」を知ること、となるでしょう。

このフレーズは、フランス印象派の画家ポール・ゴーギャンが1897—98年に描いた大作絵画のタイトルで、私たち地球科学者が最も好きな文句でもあります。地学では「地球の歴史」の中で自分を位置づけることがとても大切なのです。

†高校地学をめぐる現状

こうした広範で崇高な目標とは裏腹に、高校で地学を学習する生徒が少ないという事実があります。履修率の調査では5％くらいということでした。その理由の第一は、大学入試で地学を受験科目に採用しない大学が多いからです。

実際、地学で受験できるのは、国立大学と一部の公立大学、そして私立大学のごく一部の学部に限られています。その結果、多くの日本人にとって地学の内容は義務教育の中学校までしか学んでいないという現状があります。

もう一つ、全国の高校で地学教員が激減し、定年後も補充されない事態が長く続いています。地学が学べる高校がとても少ないことも、地学離れを加速しているのです。

一方で、高校で地学を学ぶ機会がなかったが、地球や宇宙に興味を持っており、いつかきちんとその内容を学びたいという人は少なくありません。本書はそうした人のためにも執筆したものですが、私自身は、地学は日本人全員の教養として必要な学問だと考えています。

†「大地変動の時代」の地学

さて、高校地学の再学習を終えたあと、大地変動の時代に入った私たちの居場所について、再び振り返ってみたいと思います。本文（175頁）でも述べたように、2011年に起きた東日本大震災で日本列島は「大地変動の時代」に突入してしまいました。

マグニチュード9の巨大地震によって地盤が東西に5mほど引き延ばされ、不安定な状態が続いています。それが元に戻っていく過程で、いま地震や火山の噴火が増えているのです（拙著『京大人気講義　生き抜くための地震学』ちくま新書に詳述してあります）。

これだけ聞くとちょっと恐くなりますが、大丈夫です。日本はこれまでに幾度となく大地震に見舞われ、その度に復興してきました。これは西洋にはあまりないことで、日本人は揺れる大地の上で上手に生きる術を知っているのです。

たとえば、日本は火山研究も進んでいて、地下のマグマが動くときに起きる地震や地殻変動を観測することで、ある程度、噴火の予知はできるのです。

すなわち、科学の力で予知できれば、前もって避難できるし、被害に遭わなくて済むのです。自然災害の多い国ゆえに発達した「智恵《ちえ》」により、私たちは災害を未然に防いだり、大幅に減らしたりできるのです。

日本は石油や石炭などの資源もなく、地震が多くて、火山が噴火して、台風も来る。居場所としてはかなり不利な条件です。でも、その中で何を拠《よ》り所にして生きてきたかというと、それは「人材」なのです。

日本は何もなくても、人が学んで知識を身につけ賢くなることで、悪条件を撥《は》ねのけて発展してきた国です。国土が狭く、地震が多く、資源がないゆえに発展できたというのは、地学を学ぶ上でも面白い視点ではないでしょうか。

†「長尺の目」で地球を考える

地球のような巨大なものを考えるときは、「長尺《ちようじやく》の目」という大きなスケールで物事を見る必要があります。たとえば、第5章でも述べたように短期的に見れば二酸化炭素の増加で地球は温暖化に向かっていますが、長尺の目で見ると逆で、むしろ寒冷化に向かっているのです。

「過去は未来を解く鍵」という視点で過去の温度変化を見ていくと、地球は確実に氷河期に向かっています。このように自然界の現象は、常にマクロとミクロの両方で見ることが大切なのです。

では今後、地球はどうなっていくのでしょうか？　太陽はどんどん大きく熱くなっていき、今から6〜10億年後には地球の水はすべて干上がってしまいます。それまでに人類は別の星に移住しなくてはなりません。現在、世界中で系外惑星の探査をやっているのは、太陽系の外に地球のように住める星があるかどうかを探っているのです。

言わば、不動産の物件探しと同じで、将来人類が引っ越していける場所を必死に探しているのです。遅くとも10億年後には地球という「わが家」を出ていかなければならないからです。

住む家を探すときに明日の暮らしを考えることも大切ですが、子どもたちが大きくなった日のことも視野に入れる必要があります。「長尺の目」で考えるとは、いま現在の居心地を考えるだけではなく、もっと長い目で物事を見つめることです。

こうした視座の大切さを、地学を本書で再学習することによって身につけていただきたいと願っています。人類が地球という「居場所」を考えるうえで、地学は大きなヒントを与えてくれるからです。

最後になりましたが、これまでお力添えいただきました方々に心よりお礼を述べさせていただきます。大阪府立市岡高校の寺戸真先生、大阪府立布施高校の岡田昌訓先生、大阪府立佐野高校の小林清昭先生は、原稿と図版を詳しく読み不備を多数ご指摘くださり、現役地学教諭の視点からの貴重なご意見をくださいました。また、『地学のツボ』（ちくまプリマー新書）と『座右の古典』（ちくま文庫）に引き続いて素晴らしい編集をしてくださった筑摩書房の伊藤笑子さんと、本書の完成まで多大な力を貸してくださった水野昌彦さんに、深甚なる感謝を捧げたいと思います。皆さま、本当にありがとうございました。

22年目になる京都大学の地学研究室から

鎌田浩毅

索　引

※本文解説において記載されたページは正体で、図版の説明文に記載されたページは斜体で記した。引用の試験問題文および解答の枠内の語は含まない。

【あ行】

アイソスタシー　41, *41*
始良カルデラ　*180*
赤石山脈　*161*, 165, 176
（星の）明るさ　*264*, 265, 277
秋吉台　114, 160, *161*, 163
アズキ火山灰　118
アセノスフェア　*60*, *75*, 83, *84*
阿蘇（火）山　*180*, *188*, 189
阿蘇カルデラ　*180*
アップクォーク　*247*, 248, 249
亜熱帯高圧帯　218
亜熱帯ジェット気流　219, 220, *220*, 221
アフリカ大陸　73, 74, 95, 115, 225
天の川（銀河）　269, 270
アリストテレス　27
アレクサンドリア　27, 28
アレクサンドロス大王　27
暗黒エネルギー　253
暗黒物質　252
安山岩　140, 141, *141*
安政南海地震　*186*
アンドロメダ銀河　275
アンモナイト　128, *129*, *155*
異常気象　234, 237, 241, 243
伊豆・小笠原海溝　*149*, 176
伊豆バー　*174*, 175, 177, 182
伊豆・ボニン・マリアナ島弧　172
一酸化二窒素　209
イノセラムス　128
インド亜大陸　115
引力　19, 30, 34, 43, 229, *230*, 231, 253
ウィルソン, R　249
ヴェーゲナー, A　70
ウェゲナー, A　70, 71, 72, 73, 79, 83, 153
渦巻銀河　*275*, 276, 277
宇宙インフレーション　246
宇宙塵　158
宇宙線　52, 53, 80
宇宙誕生　248, 249, 250
宇宙の始まり　18, 246
宇宙の晴れ上がり　249
宇宙背景輻射探査機　252
埋立地　191
ウラン235（^{235}U）　134, *134*
ウラン238（^{238}U）　132, 133, *133*, 134, *134*
雲仙（普賢）岳　79, *181*
運動エネルギー　20, 23, 66
ＨＲ図　263, 264, *264*, 265
液状化（現象）　191, *192*
Ｓ極　46, *48*, 79, 80
Ｓ波　61, *62*
江戸小氷期　243
Ｎ極　46, *48*, 79, 80
エラトステネス　27, 28
エルニーニョ　235, *236*, 237, 238

縁海　172, 176
塩化カリウム　224
塩化ナトリウム　224
塩化マグネシウム　224
遠心力　30, 34, 43, 229, *230*
鉛直分力　47, *48*
円盤部　*269*, 270
大分一熊本構造線　189
大阪北部地震　*101*
大潮　231
オーロラ　*198*, 202
沖縄トラフ　172
オゾン層　124, *155*, *198*, 200
オホーツク海　172
オルドビス紀　124, *125*, *127*, 128, *155*
音響測深機　74
温室効果ガス　209, 214

【か行】

外核　23, *24*, *40*, 49, 59, *60*, 61, *62*, *93*, 94, *95*
外気圏　203
海溝　88, 89, 90, 164, 172, 175, 176, 184, 224
海溝型地震　89, *100*
海山　74, 164
海水　41, 90, 106, 130, 170, 223, 224, 225, 226, *226*, 227, 235
海水温　235, 237, 238
外帯　163
海底山脈　73, 74
回転楕円体　30, 31, 34, 43
壊変　132, 133, *134*
壊変エネルギー　66
海洋　20, 23, *24*, 83, 128, 223, 227, 238
海洋地殻　*75*
海洋底拡大説　74, 76, 84
海洋プレート　83, 89, 90, *90*, 93, *93*, 94, 97, 99, *98*, 139, 148, *149*, 150, 158, 165, 175, 177, 182, 184, 224
鍵層　118 119, 122
核　23, *24*, 39, *40*, *48*, 49, 56, 58, 59, *60*, 66, 94, 96, 154
角閃石　137
核融合　52, 249, 250, 251, 256, 257, 258, 259, 261, 263
火口　105, 179
花崗岩　139, 140, 141, *141*
花崗閃緑岩　139
過去は未来を解く鍵　288
火砕流　*105*, 178, 179
火砕流堆積物　116
火山　66, 73, 88, *90*, 91, 105, *105*, 106, 116, 118, 164, 171, 175, 177, 179, 181, 182, 189, 288
火山ガス　*105*
火山岩　107, 138, 141
火山構造性陥没地　189, 190
火山弾　*105*
火山の噴火　66, 116, 118, 179, 287
火山灰　*105*, 118, 119, 178, 179
火山フロント　176
火山列島　91, 178
火成岩　107, 135, 137, 138, 140, *141*
化石　71, *72*, , 111, 122, 125, *127*, 128, *129*, 130, 131, 132, 174, 214
活火山　104, 175, 176, 177, 179, 181, 182, *188*
カッシーニ, J　31

褐色矮星　252
活断層　89, 101, *101*, 102, 151, 152, 187, 189
活断層型地震　*100*
活動銀河　*262*, 277
火道　105, *105*
下部マントル　23, *24*, *40*, 58, *60*, 66, *84*, 93, *93*, 94, *95*
貨幣石　128
ガモフ, G　246
カリウム40　132, 134
カリフォルニア海流　227, *228*, 230
軽石　179
カルスト台地　164
カルデラ　177, 178, 179
環境の情報　111, 116
含水鉱物　90
干潮　229
貫入　142, 156
岩板　59, 74, 82, 83, 88, 148
間氷期　80, 126
カンブリア紀　124, *125*, 126, *155*
カンブリア紀の（大）爆発　124
かんらん岩　138
鬼界カルデラ　179, *180*
気象庁　*180*, 181, 211, 238
輝石　137
北アルプス　176, 177
北赤道海流　227, *228*
北太平洋海流　227, *228*
北岳・八本歯のコル　165
キノグナトゥス　*72*
逆断層　99, 101
吸収線　265
球状星団　*269*, 270
共通重心　229
恐竜　126, 128, *155*
極循環　*220*
局部銀河群　275
極偏東風　*220*
巨大隕石　126
巨大カルデラ火山　179, *180*
巨大地震　150, 185, *186*
巨大噴火　179
ギルバート, W　52
銀河　52, 251, 252, 275, *275*, 281, *281*
銀河群　275
銀河系　18, 251, 268, 269, *269*, 270, 275, 277, 281, *281*
銀河団　275
銀河の世界　282
クェーサー　277
クォーク　*247*, 248
熊本地震　*101*, 151, 187, 188, 189
黒雲母　137
黒潮　227, *228*
グロッソプテリス　*72*
ケイ酸塩鉱物　138
珪藻　128, 158, 160
K／Pg 境界　*125*
Ku6C 火山灰　118
結晶　137, 138
結晶片岩　161, 162
ケルビン　256
圏界面　*198*, 199
原子　133, 137, *247*, 250, 253, 256
原始宇宙　250
原子核　52, *247*, 248, 249
原始銀河　250, 251
原始星　256, *260*, 263, *264*
原始大気　23
原始太陽　18

原始地球　19, 66
顕生代　110, 111, 123
原生代　110, 123
玄武岩　75, 138, 139, 160, 162, 163
玄武洞　79
広域変成作用　145
光合成　123
恒星　256, 257, 258, 259, *260*, 261, 262, 263, 265, 270, 275, 276, 277
恒星の一生　*260*
恒星の進化　259, 263
公転　229, *230*, 252, 270
鉱物　118, 135, 137, 138
合力　30, 34, 43
ゴーギャン，P　16, 286
ＣＯＢＥ　252
コールドプルーム　94, *95*
固化　107
黒点　242, 243
国土地理院　45
小潮　231
弧状列島　172, 176
古生代　5, 123, 125, *125*, 126, *127*, *155*, 156, 160, 161, 163, 164
古第三紀　*125*, 126, *155*, 162
コリオリの力　216, 221, 222, *222*, 227, 228
コロナ　52
コンパス　46
コンベアーベルト　226, *226*

【さ行】

災害予測地図　181
再結晶　141, 145
相模トラフ　*99*, *149*
砂岩　141, 165
三郡変成岩　161
サンゴ　124, 130, 164
三畳紀　*72*, *125*, *155*
三波川変成岩　162
山脈　73, 89, 115
三葉虫　126, *127*, *155*
シアノバクテリア　124, *155*
ジェット気流　199
シエネ　27, 28
ジオイド　34, *35*, 43, 44
ジオイドの高さ　35
紫外線　124, *198*, 200
磁気圏　*53*
磁気圏境界面　*53*
シジミ　130
猪牟田カルデラ　118
磁石論　50
示準化石　122, 123, 126, 128, 130
地震　59, 61, 88, 89, 97, 99, *100*, 101, *101*, 114, 150, 151, 152, 181, 185, 186, 187, 189, 190, 191, 284, 287
地震国　97
地震動　*192*
地震波　59, 61, 62, *62*, 92, 93, 94
沈み込み　*98*, 162, 176
沈み込み帯　92, 93, *93*, *95*, 150, *174*, 224
示相化石　130
シダ植物　*155*
実測値　43
磁南極　46, *48*
地盤の沈下　*192*
磁北極　46, *48*
縞模様　75, 76, 79, 118
四万十層群　165

四万十帯　*161*, 163, 165
臭化カリウム　224
臭化マグネシウム　224
褶曲　114, 115
集中豪雨　*236*, 238
重力　18, 30, 34, *41*, 43, 252, 256, 257, 261, 262, 263
重力異常　43
重力場　34, 35
重力補正　43, 44
主系列星　257, *260*, 263, *264*
主要動　61
ジュラ紀　*125*, 127, *155*, 161, 162, 163
準恒星状天体　277
準惑星　19
常時観測火山　*180*, 181
鍾乳洞　164
上部マントル　23, *24*, *40*, 58, *60*, 66, 67, 83, *84*, 93, *93*, 94, *97*
小惑星　19
昭和南海地震　185, *186*
初期微動　61
磁力線　48, *53*
シルル紀　124, *155*
震央　62, *62*
震源　99
震源域　99, *100*, 185, *186*
震源地　*186*, *188*
深成岩　107, 138, *141*
新生代　5, 80, *125*, 126, 128, *129*, *155*, 162, 165
深層循環　225, *226*
深層水　225, 226, *226*, 227, 235, *236*
新第三紀　126, *155*
彗星　19
水平分力　47, *48*
スカンジナビア半島　39
ストロマトライト　123, *124*
スペクトル（型）　*264*, 265
スミス, W　131
駿河トラフ　*100*
星間物質　18, *260*, 270
星間雲　256
星間ガス　270, 276
星間塵　270, 276
成層圏　*198*, 199, 200, 201
正断層　99, *174*, *188*
西南日本外帯　163
西南日本弧　172, 175, 176, 184, *188*
セイファート, C　277
セイファート銀河　277
生命のバリア　47, 53, 80
世界を変えた地図　132
石英　137, 138, 139
赤外線　214, 256
赤色巨星　258, 259, *260*, 263, *264*
石炭紀　72, 124, 125, *125*, *155*
石炭層　125
赤道収束帯　217, 218
積乱雲　217, 218
斥力　253
石灰岩　161, 162, 163, 164, 165
石基　138
接触変成作用　142, 145, 156
絶対重力計　43
絶対等級　264, *264*, 265
絶対年代　132
浅海　156
先カンブリア時代　123, *125*, *155*
全磁力　47, *48*

前震　188
閃緑岩　139
造岩鉱物　137
造山運動　115
走時　62
走時曲線　62
層序　117
層序学の父　132
側火口　*105*
素粒子　52, *247*, 248, 252

【た行】

ダークエネルギー　253
ダークマター　252, 253
ダイアピル　224
大気　23, *24*, 52, 196, 197, 198, 199, 200, 201, 202, 203, 204, 205, 208, 209, 212, 214, 215, 216, 221, 225, 238
大気吸収　*204*
大気圏　*198*, 202, 203, *204*
大気循環　220, *220*
大気の構成要素　197
太古代　110, 111, 117, 123
帝釈台　160, *161*, 163
大西洋中央海嶺　73
堆積岩　122, 141, *141*, 142, 165
大地変動の時代　6, 175, 287
ダイナモ理論　49
太平洋プレート　*90*, 97, 148, *149*, 170, 174, *174*, 175, 177, 182
太陽　3, 4, 18, 19, 27, 52, 202, 203, 209, 214, 215, 218, 229, 231, 242, 257, 258, *260*, 263, 264, *264*, 277, 289
太陽エネルギー　203, 205, 215, 223
太陽系　3, 18, 22, 251, 269, 289, *269*, 270
太陽の進化　263
太陽風　52, *53*
太陽放射　199, 203, *204*
第四紀　80, 126, *155*
大陸移動説　71, 72, 73, 79, 153
大陸地殻　*161*, 170
大陸と海洋の起源　71
大陸プレート　83, 89, *90*, 93, *93*, 97, 98, *98*, 115, 139, 148, *149*, 150, 158, 176
対流　49, 53, 59, *75*, *95*, 199
対流圏　*198*, 199, 215, 219
大量絶滅　125, *125*, 126, *155*
ダウンクォーク　*247*, 248, 249
楕円銀河　*275*, 276, 277
多細胞生物　4, 123, *155*
脱ガス　*24*
脱水分解　90
丹沢山地　177
炭酸水素ナトリウム　224
炭素　251, 261
炭素14（^{14}C）　132, 134
断層　89, 99, 101, *141*, 150, 151, 152, 170, 177, 184, 153
断層面　99
丹波帯　162
地殻　23, *24*, 39, *40*, 41, *41*, 58, 59, *60*, *62*, *84*, *98*, 114, 139, 145, 170, 175
地殻変動　114, 115, 171, 287
地球　3, 4, 16, 17, 18, 20, *24*, 26, 30, 34, *35*, *39*, 46, *48*, 52, *53*, 58, *60*, 61, *62*, 66, 71, 79, 83, 110, 12, 134, 153, 154, *155*, 196, 199,

203, 204, *204*, 208, 216, 221, 223, 229, *230*, *281*
地球温暖化　209, 212, 214, 242
地球史　56, 59, 69
地球磁気圏　53, *53*
地球楕円体　34, 35
地球内部　39, *40*, 56, 61, 66, 93, *95*, 154
地球内部の熱　66
地球の形　26, 34
地球の全周　28
地球放射　204
地形補正　44
地溝帯　170, 171, 189
地史　153, 156
地磁気　46, 47, *48*, 75, *75*, 76, 79, 81
地磁気（の）逆転　79, 80
地磁気の3要素　47
地質時代　79, 111, 117, 123, *155*, 156
地質図　131, 284
地質年代　79, 80, 132
千島海溝　99, *100*, *149*
千島弧　172
地層　80, 111, 114, 116, 117, 118, 119, 122, 123, 125, 130, 131, 132, 135, 140, 153, 162, 163, 165
地層の逆転　115
地層累重の法則　114
秩父帯　162
チバニアン　80
チャート　160, 162, 163
中央海嶺　73, 74, 75, *75*, 76, 82, 88, 90, 106, 138
中央構造線　*161*, 162, 163, 177, *188*, 189
中間圏　*198*, 201
中心核　258, 259, 261, 263, 276, 277
中性子　*247*, 248, 249, 250, 261, 262
中性子星　*260*, 262
中生代　5, 123, *125*, 126, 128, *129*, *155*, 161, 162, 163
中層大気　201
超巨大噴火　126
長尺の目　224, 243, 288
超新星爆発　*260*, 262
潮汐　34, 229
長石　137, 138, 139
超大質量ブラックホール　277
鳥類　126, *155*
直下型地震　151, 187
沈殿物　90
月　229, *230*, 231
津波　*98*, 193
泥岩　141, 145, 165
デイサイト　138
デボン紀　124, *125*, *155*
テムズ川　243
天気図　221
転向力　221
電子　49, 52, *245*, 249, 250, 262
電磁石　49
電波銀河　277
電離層　*198*, 202
東海地震　100, 185
島弧　172
東南海地震　100, 185, *186*
東北地方太平洋沖地震　*100*, *101*, 150
東北日本弧　171, 172, 176
洞爺カルデラ　*180*

等粒状組織　138
トラフ　184
トランスフォーム断層　89
トリアス紀　125, *125*, 126, *155*
十和田カルデラ　*180*

【な行】

内核　23, *24*, *40*, 49, 59, *60*, *62*, *95*
内帯　163
ナウマン, H.E.　174, 177
南海地震　100, 185, *186*
南海トラフ　99, *100*, *149*, 184, 185, *186*
南海トラフ巨大地震　*186*, 187
新潟地震　191
二酸化炭素　23, *24*, 107, 124, 197, 208, 209, 214, 223, 224, 226, 288
日本海　*169*, 171, 172, *174*, 176
日本海溝　*90*, 91, 99, *100*, *149*, 176
日本列島　6, 89, *90*, 91, 97, 98, *100*, *101*, 102, 104, 114, 122, 145, 148, *149*, 150, 152, 153, 154, 156, 158, 160, *161*, 162, 168, *169*, 175, 176, 179, *180*, 184, 189, 196, 287
ニュートン, I　30, 265
仁和地震　186
ヌンムリテス　128
熱圏　*198*, 201, 202
熱収支　215
年代測定　*133*, *134*
野島断層　102, 151

【は行】

ハーシェル, W　269
パーセク　265
排熱　*212*, 213
白亜紀　*125*, 126, *155*, 162, 165, 177
白色矮星　259, *260*, 261, 264, *264*
ハザードマップ　181
ハッブル, E　275, *275*
ハッブルの法則　281
ハッブル望遠鏡　275
ハドレー循環　218, 219, *220*
バルジ　*269*, 270, 276
ハロー　*269*, 270
ハワイ　*95*, 106
パンゲア　71, *72*, 153
半減期　133, *133*, 134, *134*
斑晶　138
斑状組織　138
阪神・淡路大震災　101, *101*, 151
半深成岩　107
万有引力　30, *230*, 250
斑れい岩　139
P／T境界線　125, *125*
ヒートアイランド　211, 212, *212*, 213, 215
P波　61, *62*
東日本大震災　6, 98, *101*, 150, 151, 175, 179, 181, 184, 192, 287
微化石　128
日高変成岩　163
ピタゴラス　26
飛騨山脈　154, 176
飛騨変成岩　154, 156
ビッグバン　246, 248, 249, 253, 282
ヒト　*155*
日奈久断層帯　188

火の玉地球　20, 110
ヒマラヤ山脈　115
氷河　72, 80
氷期　41, 80, 126, 242
兵庫県南部地震　*101*, 151
氷山　39, 41, 225
標準重力　43
表面温度　250, 264, *264*
微惑星　19, 20, 22, 23
ファーストスター　250
フィリピン海プレート　*90*, 97, 148, *149*, 174, *174*, 176, 184, *186*, *188*
ブーゲー補正　44
フォッサマグナ　173, 174, *174*, 177
付加体　158, 160, 161, *161*, 162, 165, 170
不規則銀河　276
富士山　*180*, 181, 182, *186*
フズリナ　126, *127*, 128
布田川断層帯　188
伏角　47, *48*
筆石　126, *127*, 128
フラウンホーファー, J.v.　265
プラズマ　52
ブラックホール　252, *260*, *262*, 263, 270, 277
プラトン　27
フリーエア補正　44
プルーム　94, 96
プルーム・テクトニクス　*95*, 96
プレート　*40*, *60*, 73, 74, 75, *75*, 82, 83, *84*, 88, 89, 90, *90*, 92, 93, *93*, 94, 96, 97, *98*, 99, 106, 114, 145, 148, *149*, 162, 164, 176, 181, 184, 224
プレート・テクトニクス　88, 96, 284
プレートの残骸　94, 154
フロン　209
フロンガス　201
噴煙　*105*
分化　25
噴石　*105*
別府―島原地溝帯　*188*, 189
ヘリウム　282, *247*, 249, 250, 251, 256, 258, 259, 261, 263
ヘルツシュプルング, E　263
ペルム紀　72, *72*, 124, 125, *125*, *155*, 160, 163, 164
偏角　47, *48*
ペンジアス, A　249
変成岩　135, 145, 154, 161, 162, 165
変成作用　141, 145, 156, 161
偏西風　*198*, 199, 201, 219, *220*, 227, 228, *228*
偏西風波動　220
扁平率　30
方位磁針　46
棒渦巻銀河　*275*, 276
宝永地震　186, *186*
貿易風　*198*, 199, 218, 227, 228, *228*, 235, *236*, 237, 238
放散虫　128, 158, 160
放射壊変　132, 133, *133*
放射性元素　66, 132, 133, 134, 135
放射性同位体　133, 134, *134*
放射年代測定　*133*
豊肥火山地域　*188*, 189
北東貿易風　*220*
北米プレート　*90*, 97, 148, *149*,

150, 175, 177, 185
北海道胆振東部地震　*101*, 192
ホットスポット　106, 164
ホットプルーム　*95*, 96, 154, 168
哺乳類　5, 128, *155*
ホルンフェルス　141, *141*, 145
本震　151, 188

【ま行】

マグニチュード　*100*, 150, 186
マグマ　20, *24*, 66, 75, 88, *90*, 91, 105, 135, 138, 140, 145, 156, 170, 177, 223
マグマオーシャン　20, 23, *24*
マグマだまり　*75*, *105*, 107
松山逆磁極期　79
松山基範　79
マリアナトラフ　172
満潮　229
マントル　23, *24*, 39, 41, *41*, 58, *60*, 61, *62*, 67, *75*, 83, *84*, *90*, 91, 92, *98*, 105
南アルプス　*161*, 165, 176, 177

【や行】

ユーラシア大陸　*95*, 115, 154, 168
ユーラシアプレート　*90*, 97, 148, *149*, 170, 175, 184, *186*
ユカタン半島　126
ゆらぎ　252
溶岩　73, 74, 75, 105, 179
溶岩流　*105*
陽子　52, *246*, 248, 250, 262
ヨーロッパアルプス　115
横ずれ断層　*188*, 189
余震　188

【ら行】

裸子植物　72, 125, *155*
ラッセル, H.N.　263
ラニーニャ　*236*, 237, 238
藍色細菌　123
リストロサウルス　*72*
リソスフェア　*60*, *75*, 83, *84*
琉球海溝　99, *100*, *149*, 176
琉球弧　172
硫酸カルシウム　224
硫酸マグネシウム　224
流星　198, 202
流紋岩　138
両生類　125, *155*
レプトン　*247*, 248
連動型地震　185, 186, 187
ロスビー循環　220, *220*
ロディニア超大陸　154, 156, 168

【わ行】

矮星　259
惑星　13, 16, 17, 20, 264
惑星状星雲　261

参考文献

阿部豊『生命の星の条件を探る』文藝春秋、2015年
家正則『ハッブル　宇宙を広げた男』岩波ジュニア新書、2016年
石井彰『木材・石炭・シェールガス』PHP新書、2014年
石弘之『歴史を変えた火山噴火』刀水書房、2012年
伊勢武史『地球システムを科学する』ベレ出版、2013年
井田茂・中本泰史『惑星形成の物理』共立出版、2015年
井田茂『太陽系外の惑星をさがす』NHK出版、2016年
一般財団法人日本気象協会編集『トコトンやさしい異常気象の本』日刊工業新聞社、2017年
ウィンチェスター，サイモン、野中邦子訳『世界を変えた地図　ウィリアム・スミスと地質学の誕生』早川書房、2004年
ウォルター，チップ、長野敬・赤松眞紀訳『人類進化700万年の物語』青土社、2014年
臼井朗ほか『海底マンガン鉱床の地球科学』東京大学出版会、2015年
大井万紀人『宇宙と地球の自然史』勁草書房、2012年
大栗博司『重力とは何か』幻冬舎新書、2012年
大栗博司『強い力と弱い力』幻冬舎新書、2013年
大河内直彦『地球の履歴書』新潮選書、2015年
小川勇二郎ほか『地学』（高等学校理科用）数研出版、2019年
海部宣男ほか編『宇宙生命論』東京大学出版会、2015年
海部陽介『日本人はどこから来たのか？』文藝春秋、2016年
加藤碵一・脇田浩二総編集『地質学ハンドブック　普及版』朝倉書店、2010年
金森博雄『巨大地震の科学と防災』朝日新聞出版、2013年
鎌田浩毅・西本昌司『本当にわかる地球科学』日本実業出版社、2016年
鎌田浩毅監修『日本列島のしくみ見るだけノート』宝島社、2019年
鎌田浩毅『地球は火山がつくった』岩波ジュニア新書、2004年
鎌田浩毅『火山噴火』岩波新書、2007年
鎌田浩毅『マグマの地球科学』中公新書、2008年
鎌田浩毅『地学のツボ』ちくまプリマー新書、2009年
鎌田浩毅『世界がわかる理系の名著』文春新書、2009年
鎌田浩毅『資源がわかればエネルギー問題が見える』PHP新書、2012年
鎌田浩毅『次に来る自然災害』PHP新書、2012年
鎌田浩毅『京大人気講義　生き抜くための地震学』ちくま新書、2013年

鎌田浩毅『火山はすごい』PHP文庫、2015年
鎌田浩毅『せまりくる「天災」とどう向きあうか』ミネルヴァ書房、2015年
鎌田浩毅『地球の歴史』（全3巻）中公新書、2016年
鎌田浩毅『地学ノススメ』講談社ブルーバックス、2017年
鎌田浩毅『日本の地下で何が起きているのか』岩波科学ライブラリー、2017年
鎌田浩毅『地球とは何か』サイエンス・アイ新書、2018年
鎌田浩毅『富士山噴火と南海トラフ』講談社ブルーバックス、2019年
川上紳一『縞々学』新装版、東京大学出版会、2015年
木村学『地質学の自然観』東京大学出版会、2013年
木村学・大木勇人『図解 プレートテクトニクス入門』講談社ブルーバックス、2013年
清川昌一ほか『地球全史スーパー年表』岩波書店、2014年
後藤忠徳『地底の科学』ベレ出版、2013年
酒井治孝『地球学入門』第2版、東海大学出版部、2016年
佐野貴司『地球を突き動かす超巨大火山』講談社ブルーバックス、2015年
ジョージ・チャム、ダニエル・ホワイトソン著、水谷淳訳『僕たちは、宇宙のことぜんぜんわからない』ダイヤモンド社、2018年
柴田一成『太陽大異変』朝日新書、2013年
嶋田正和ほか『改訂版 生物』（高等学校理科用）数研出版、2019年
庄野邦彦・馬場昭次ほか『生物 新訂版』（高等学校理科用）実教出版、2019年
白尾元理『地球全史の歩き方』岩波書店、2013年
数研出版編集部編『もういちど読む 数研の高校地学』数研出版、2014年
諏訪兼位『地球科学の開拓者たち』岩波書店、2015年
平朝彦『日本列島の誕生』岩波新書、1990年
高木秀雄監修『日本列島5億年史』洋泉社、2018年
高木秀雄『年代で見る 日本の地質と地形』誠文堂新光社、2017年
田近英一『地球環境46億年の大変動史』DOJIN 選書、2009年
田近英一『大気の進化46億年 O_2と CO_2』技術評論社、2011年
多田隆治『気候変動を理学する』みすず書房、2013年
巽好幸『なぜ地球だけに陸と海があるのか』岩波科学ライブラリー、2012年
棚部一成監修、北村雄一著『絵でわかる古生物学』講談社、2016年

谷合稔著『天気と気象がわかる！ 83の疑問』サイエンス・アイ新書、2012年
田家康『異常気象が変えた人類の歴史』日経プレミアシリーズ、2014年
千木良雅弘『風化と崩壊』近未来社、2013年
千葉達朗『［最新版］活火山 活断層 赤色立体地図でみる 日本の凸凹』技術評論社、2011年
堤之恭『絵でわかる日本列島の誕生』講談社、2014年
土屋健著、田中源吾協力『カラー図解　古生物たちのふしぎな世界』講談社ブルーバックス、2017年
鳥海光弘『知りたい！地球はどうやってできたのか？』宝島社、2013年
永田和宏『人はどのように鉄を作ってきたか』講談社ブルーバックス、2017年
長沼毅・井田茂『地球外生命』岩波新書、2014年
中川毅『時を刻む湖』岩波書店、2015年
中川毅『人類と気候の10万年史』講談社ブルーバックス、2017年
中島映至・田近英一『正しく理解する気候の科学』技術評論社、2012年
中島淳一『日本列島の下では何が起きているのか』講談社ブルーバックス、2018年
中西正男、沖野 郷子『海洋底地球科学』東京大学出版会、2016年
西川有司『地下資源の科学』日刊工業新聞社、2014年
日本地質学会編『日本地方地質誌３　関東地方』朝倉書店、2008年
野田芳和・後藤道治「日本列島の古地理復元と恐竜博物館における展示」『福井県立恐竜博物館紀要　３号』福井県立恐竜博物館、2004年
ハドソン，ブライアン、田口未和訳『図説 滝と人間の歴史』原書房、2013年
浜島書店『ニューステージ新地学図表』浜島書店、2013年
ハミルトン，ジェイムズ、月谷真紀訳『図説 火山と人間の歴史』原書房、2013年
原山智・山本明『「槍・穂高」名峰誕生のミステリー』山と溪谷社、2014年
平塚市博物館『夏期特別展 平塚周辺の地盤と活断層』64pp、2007年
廣瀬敬『できたての地球――生命誕生の条件』岩波書店、2015年
フォーティ，リチャード、渡辺政隆・野中香方子訳『地球46億年全史』草思社、2008年
フォーティ，リチャード、矢野真千子訳『〈生きた化石〉生命40億年史』筑摩選書、2014年
深尾良夫『地震・プレート・陸と海』岩波ジュニア新書、1985年

藤岡換太郎『山はどうしてできるのか』講談社ブルーバックス、2012年
藤岡換太郎『海はどうしてできたのか』講談社ブルーバックス、2013年
藤岡換太郎『三つの石で地球がわかる』講談社ブルーバックス、2017年
藤岡達也『絵でわかる日本列島の地震・噴火・異常気象』(KS絵でわかるシリーズ)講談社、2018年
ヘイゼン, ロバート、円城寺守・渡会圭子訳『地球進化46億年の物語』講談社ブルーバックス、2014年
ヘインズ, ロズリン・D、鎌田浩毅訳『図説 砂漠と人間の歴史』原書房、2014年
ホワイトハウス, デイビッド、江口あとか訳『地底　地球深部探求の歴史』築地書館、2015年
松井孝典『スリランカの赤い雨』角川学芸出版、2013年
松井孝典『生命はどこから来たのか?』文春新書、2013年
松井孝典『天体衝突』講談社ブルーバックス、2014年
松井孝典『宇宙誌』講談社学術文庫、2015年
松井孝典『銀河系惑星学の挑戦』NHK出版、2015年
松本良ほか『惑星地球の進化』改訂版、放送大学教育振興会、2013年
丸山茂徳著、吉田勝訳『21世紀地球寒冷化と国際変動予測』東信堂、2015年
丸山茂徳『地球と生命の46億年史』NHK出版、2016年
丸山茂徳・磯﨑行雄『生命と地球の歴史』岩波新書、1998年
丸山茂徳編著『地球史を読み解く』放送大学教育振興会、2016年
水野一晴『自然のしくみがわかる地理学入門』ベレ出版、2015年
宮原ひろ子『地球の変動はどこまで宇宙で解明できるか』化学同人、2014年
観山正見・小久保英一郎『宇宙の地図』朝日新聞出版、2011年
村山斉『宇宙になぜ我々が存在するのか』講談社ブルーバックス、2013年
目代邦康監修『図解 世界自然遺産で見る地球46億年史』実務教育出版、2016年
森朗著『異常気象はなぜ増えたのか』祥伝社新書、2017年
矢島道子・和田純夫編『はじめての地学・天文学史』ベレ出版、2004年
安田喜憲『森を守る文明 支配する文明』PHP新書、1997年
安田喜憲『龍の文明 太陽の文明』PHP新書、2001年
安田喜憲『一万年前』イースト・プレス、2014年
山賀進『一冊で読む 地球の歴史としくみ』ベレ出版、2010年
山賀進『地球について、まだわかっていないこと』ベレ出版、2011年

山崎晴雄・久保純子『日本列島100万年史』講談社ブルーバックス、2017年
山野井徹『日本の土』築地書館、2015年
吉田晶樹『地球はどうしてできたのか』講談社ブルーバックス、2014年
ラングミューアー，チャールズ・H、ブロッカー，ウォリー著、宗林由樹訳『生命の惑星』京都大学学術出版会、2014年
レッドファーン・マーティン、川上紳一訳『地球』丸善出版、2013年
ロイド，クリストファー、野中香方子訳『137億年の物語』文藝春秋、2012年
ロビンソン，アンドルー、鎌田浩毅監修、柴田譲治訳『地震と人間の歴史』原書房、2013年

ＦＮの高校物理（ウェブサイト） http://fnorio.com/
受験のミカタ（ウェブサイト）
https://juken-mikata.net/how-to/physics/colioris_force.html
とんとろりの独り言（ウェブサイト）
https://sites.google.com/a/mytougane.com/tontororinohitorigotoa/yu-zhou/3-yu-zhou-li-lun/3-5-yu-zhou-yuan-zito-su-li-zi

ちくま新書
1432

やりなおし高校地《こうこうち》学《がく》
――地球《ちきゅう》と宇宙《うちゅう》をまるごと理解《りかい》する

二〇一九年 九 月一〇日 第一刷発行
二〇一九年一〇月 五 日 第二刷発行

著者 鎌田浩毅（かまた・ひろき）
発行者 喜入冬子
発行所 株式会社 筑摩書房
東京都台東区蔵前二-五-三 郵便番号一一一-八七五五
電話番号〇三-五六八七-二六〇一（代表）
装幀者 間村俊一
印刷・製本 三松堂印刷 株式会社

ISBN978-4-480-07251-1 C0244

ちくま新書

1425
植物はおいしい
――身近な植物の知られざる秘密
田中修
季節ごとの旬の野菜・果物・穀物から驚きの新品種、香りの効能、認知症予防まで、食べる植物の「すごい」「おもしろい」「ふしぎ」な話題を豊富にご紹介します。

1328
遺伝人類学入門
――チンギス・ハンのＤＮＡは何を語るか
太田博樹
古代から現代までのゲノム解析研究が語る、我々のルーツとは。進化とは、遺伝とは、を根本から問いなおし、人類の遺伝子が辿ってきた歴史を縦横無尽に解説する。

1387
ゲノム編集の光と闇
――人類の未来に何をもたらすか
青野由利
世界を驚愕させた「ゲノム編集ベビー誕生」の発表。生命の設計図を自在に改変する最先端の技術を基礎から解きほぐし、利益と問題点のせめぎ合いを真摯に追う。

1297
脳の誕生
――発生・発達・進化の謎を解く
大隅典子
思考や運動を司る脳は、一個の細胞を出発点としてどのように出来上がったのか。30週、20年、10億年の各視点から、その小宇宙が形作られる壮大なメカニズムを追う！

1203
宇宙からみた生命史
小林憲正
生命誕生の謎を解き明かす鍵は「宇宙」にある。惑星探索や宇宙観測によって判明した新事実と、従来の化学進化的プロセスをあわせ論じて描く最先端の生命史。

1217
図説 科学史入門
橋本毅彦
天体、地質から生物、粒子へ。新たな発見、分類、一般に認知されるまで様々な人間模様を経て、科学は発展したのである。それらを美しい図像に基づいて一望する。

1389
中学生にもわかる化学史
左巻健男
世界は何からできているのだろう。この大いなる疑問に挑み続けた道程を歴史エピソードで振り返る。古代哲学者から錬金術、最先端技術のすごさまで！

950
ざっくりわかる宇宙論
竹内薫
宇宙はどうはじまったのか？　宇宙は将来どうなるのか？　宇宙に果てはあるのか？　過去、今、未来を縦横無尽に行き来し、現代宇宙論をわかりやすく説き尽くす。

1269
カリスマ解説員の 楽しい星空入門
永田美絵
八板康麿
矢吹浩
晴れた夜には、夜空を見上げよう！　星座の探し方から、神話や歴史、宇宙についての基礎的な科学知識まで。カリスマ解説員による紙上プラネタリウムの開演です！

1404
論理的思考のコアスキル
波頭亮
ホンモノの論理的思考力を確実に習得するための決定版！　必須のスキル「適切な言語化」「分ける・繋げる」「定量的判断」と具体的トレーニング方法を指南する。

604
高校生のための論理思考トレーニング
横山雅彦
日本人は議論下手。なぜなら「論理」とは「英語の」思考様式だから。日米の言語比較から、その背後の「心の習慣」を見直し、英語のロジックを日本語に応用する。２色刷。

908
東大入試に学ぶロジカルライティング
吉岡友治
腑に落ちる文章は、どれも論理的だ！　東大入試を題材に、論理的に書くための「型」と「技」を覚えよう。学生だけでなく、社会人にも使えるワンランク上の文章術。

253
教養としての大学受験国語
石原千秋
日本語なのにお手上げの評論読解問題。その論述の方法を、実例に即し徹底解剖。アテモノを脱却し上級の教養をめざす、受験生と社会人のための思考の遠近法指南。

1105
やりなおし高校国語
――教科書で論理力・読解力を鍛える
出口汪
教科書の名作は、大人こそ読むべきだ！　夏目漱石、森鷗外、丸山眞男、小林秀雄などの名文をカリスマ現代文講師が読み解き、社会人必須のスキルを授ける。

ちくま新書

542
高校生のための評論文キーワード100
中山元
言説とは？ イデオロギーとは？ テクストとは？ 辞書を引いてもわからない語を、思想的背景や頻出する文脈から解説。評論文を読む〈視点〉が養えるキーワード集。

1200
「超」入門！ 論理トレーニング
横山雅彦
「伝えたいことを相手にうまく伝えられない」のはなぜか？ 日本語をロジカルに運用し、論理思考をコミュニケーションとして使いこなすためのコツを伝授！

1317
絶滅危惧の地味な虫たち
——失われる自然を求めて
小松貴
環境の変化によって滅びゆく虫たち。なかでも誰もが注目しないやつらに会うために、日本各地を探訪する。果たして発見できるのか？ 虫への偏愛がダダ漏れ中！

1198
天文学者たちの江戸時代
——暦・宇宙観の大転換
嘉数次人
日本独自の暦を初めて作った渋川春海を嚆矢とする「江戸の天文学者」たち。先行する海外の知と格闘し、暦・宇宙の研究に情熱を燃やした彼らの思索をたどる。

1210
日本震災史
——復旧から復興への歩み
北原糸子
度重なる震災は日本社会をいかに作り替えてきたのか。有史以来、明治までの震災の復旧・復興の事例に焦点を当て、史料からこの国の災害対策の歩みを明らかにする。

1144
地図から読む江戸時代
上杉和央
空間をどう認識するかは時代によって異なる。その違いを象徴するのが「地図」だ。古地図を読み解き、日本の形を作った時代精神を探る歴史地理学の書。図版資料満載。

1206
銀の世界史
祝田秀全
世界中を駆け巡った銀は、近代工業社会を生み世界経済の一体化を導いた。銀を読みといて、コロンブスから産業革命、日清戦争まで、世界史をわしづかみにする。

ちくま新書

1291
日本の人類学
山極寿一
尾本恵市
人類はどこから来たのか？　ヒトはなぜユニークなのか？　東大の分子人類学と京大の霊長類学を代表する二大巨頭が、日本の人類学の歩みと未来を語り尽くす。

1395
こころの人類学
——人間性の起源を探る
煎本孝
人類に普遍的に見られるこころのはたらきはどこで生まれたのか。カナダからチベットまで、半世紀にわたり世界を旅した人類学者が人間のこころの本質を解明する。

1410
死体は誰のものか
——比較文化史の視点から
上田信
死体を忌み嫌う現代日本の文化は果たして普遍的なのか。チベット、中国、キリスト教、ユダヤ——。来るべき多死社会に向けて、日本人の死生観を問い直す。

1424
キリスト教と日本人
——宣教史から信仰の本質を問う
石川明人
日本人の99％はなぜキリスト教を信じないのか？　宣教師たちの言動や、日本人のキリスト教に対する複雑な眼差しを糸口に宗教についての固定観念を問い直す。

746
安全。でも、安心できない…
——信頼をめぐる心理学
中谷内一也
凶悪犯罪、自然災害、食品偽装……。現代社会に潜むリスクを「適切に怖がる」にはどうすべきか？　理性と感情のメカニズムをふまえて信頼のマネジメントを提示する。

757
サブリミナル・インパクト
——情動と潜在認知の現代
下條信輔
巷にあふれる過剰な刺激は、私たちの情動を揺さぶり潜在脳に働きかけて、選択や意思決定にまで影を落とす。心の潜在性という沃野から浮かび上がる新たな人間観とは。

802
心理学で何がわかるか
村上宣寛
性格と遺伝、自由意志の存在、知能のはかり方……。これらの問題を考えるには科学的方法が必要だ。俗説や疑似科学を退け、本物の心理学を最新の知見で案内する。

ちくま新書

434 意識とはなにか ――〈私〉を生成する脳 茂木健一郎

物質である脳が意識を生みだすのはなぜか？ すべてを感じる存在としての〈私〉とは何ものか？ 人類に残された究極の問いに、既存の科学を超えて新境地を展開！

557 「脳」整理法 茂木健一郎

脳の特質は、不確実性に満ちた世界との交渉のなかで得た体験を整理し、新しい知恵を生む働きにある。この科学的知見をベースに上手に生きるための処方箋を示す。

570 人間は脳で食べている 伏木亨

「おいしい」ってどういうこと？ 生理学的欲求、脳内物質の状態から、文化的環境や「情報」の効果まで、さまざまな要因を考察し、「おいしさ」の正体に迫る。

584 日本の花〈カラー新書〉 柳宗民

日本の花はいささか地味ではあるけれど、しみじみとした美しさを漂わせている。健気で可憐な花々は、知れば知るほど面白い。育成のコツも指南する味わい深い観賞記。

739 建築史的モンダイ 藤森照信

建築の歴史を眺めていると、大きな疑問がいくつもわいてくる。建築の始まりとは？ そもそも建築とは何なのか？ 建築史の中に横たわる大問題を解き明かす！

795 賢い皮膚 ――思考する最大の〈臓器〉 傳田光洋

外界と人体の境目――皮膚。様々な機能を担っているが、驚くべきは脳に比肩するその精妙で自律的なメカニズムである。薄皮の秘められた世界をとくとご堪能あれ。

879 ヒトの進化 七〇〇万年史 河合信和

画期的な化石の発見が相次ぎ、人類史はいま大幅な書き換えを迫られている。つい一万数千年前まで生きていた謎の小型人類など、最新の発掘成果と学説を解説する。

942
人間とはどういう生物か
――心・脳・意識のふしぎを解く
石川幹人
人間とは何だろうか。古くから問われてきたこの問いに、認知科学、情報科学、生命論、進化論、量子力学などを横断しながらアプローチを試みる知的冒険の書。

954
生物から生命へ
――共進化で読みとく
有田隆也
「生物」＝「生命」なのではない。共進化という考え方、人工生命というアプローチを駆使して、環境とのかかわりから文化の意味までを解き明かす、一味違う生命論。

958
ヒトは一二〇歳まで生きられる
――寿命の分子生物学
杉本正信
ストレスや放射能、病原体に打ち勝ち長生きする力は誰にでも備わっている。長寿遺伝子や寿命を支える免疫・修復・再生のメカニズムを解明。長生きの秘訣を探る。

966
数学入門
小島寛之
ピタゴラスの定理や連立方程式といった基礎の基礎を出発点に、美しく深遠な現代数学の入り口まで到達する道筋がある！　本物を知りたい人のための最強入門書。

968
植物からの警告
湯浅浩史
いま、世界各地で生態系に大変化が生じている。植物と人間のいとなみの関わりを解説しながら、環境変動の実態を現場から報告する。ふしぎな植物のカラー写真満載。

970
遺伝子の不都合な真実
――すべての能力は遺伝である
安藤寿康
勉強ができるのは生まれつきなのか？　IQ・人格・お金を稼ぐ力まで、「能力」の正体を徹底分析。行動遺伝学の最前線から、遺伝の隠された真実を明かす。

986
科学の限界
池内了
原発事故、地震予知の失敗は科学の限界を露呈した。科学に何が可能で、何をすべきなのか。科学者の倫理を問い直し「人間を大切にする科学」への回帰を提唱する。

1018
ヒトの心はどう進化したのか
――狩猟採集生活が生んだもの
鈴木光太郎
ヒトはいかにしてヒトになったのか？　道具・言語の使用、文化・社会の形成のきっかけは狩猟採集時代にあった。人間の本質を知るための進化をめぐる冒険の書。

1095
日本の樹木〈カラー新書〉
舘野正樹
暮らしの傍らでしずかに佇み、文化を支えてきた日本の樹木。生物学から生態学までをふまえ、ヒノキ、ブナ、ケヤキなど代表的な26種について楽しく学ぶ。

1112
駅をデザインする〈カラー新書〉
赤瀬達三
「出口は黄色、入口は緑」。シンプルかつ斬新なスタイルで日本の駅の案内を世界レベルに引き上げた第一人者が、豊富なカラー図版とともにデザイン思想の真髄を伝える。

1133
理系社員のトリセツ
中田亨
文系と理系の間にある深い溝。これを解消しなければ、両者が一緒に働く職場はうまくまわらない。理系の意外な特徴や人材活用法を解説した文系も納得できる一冊。

1137
たたかう植物
――仁義なき生存戦略
稲垣栄洋
じっと動かない植物の世界。しかしそこにあるのは穏やかな癒しなどではない！　昆虫と病原菌と人間の仁義なきバトルに大接近！　多様な生存戦略に迫る。

1156
中学生からの数学「超」入門
――起源をたどれば思考がわかる
永野裕之
算数だけで十分じゃない？　数学嫌いから聞こえてくるそんな疑問に答えるために、中学レベルから「数学的な思考」に刺激を与える読み物と問題を合わせた一冊。

1157
身近な鳥の生活図鑑
三上修
愛らしいスズメ、情熱的な求愛をするハト、人間をも利用する賢いカラス……。町で見かける鳥たちの生活には、発見がたくさん。カラー口絵など図版を多数収録！

ちくま新書

1003
京大人気講義　生き抜くための地震学
鎌田浩毅
大災害は待ってくれない。地震と火山噴火のメカニズムを学び、災害予測と減災のスキルを吸収すべき時は、まさに今だ。知的興奮に満ちた地球科学の教室が始まる！

1263
奇妙で美しい　石の世界〈カラー新書〉
山田英春
瑪瑙を中心とした模様の美しい石のカラー写真とともに、石に魅了された人たちの数奇な人生や、歴史上の逸話、旅先の思い出など、国内外の様々な石の物語を語る。

1314
世界がわかる地理学入門
——気候・地形・動植物と人間生活
水野一晴
気候、地形、動植物、人間生活……気候区分ごとに世界各地の自然や人々の暮らしを解説。世界を旅する地理学者による、写真や楽しいエピソードも満載の一冊！

1315
大人の恐竜図鑑
北村雄一
陸海空を制覇した恐竜の最新研究の成果と雄姿を再現。日本で発見された化石、ブロントサウルスの名前が消えた理由、ティラノサウルスはどれほど強かったか……。

1186
やりなおし高校化学
齋藤勝裕
興味はあるけど、化学は苦手。そんな人は注目！　原子の構造、周期表、溶解度、酸化・還元など必須項目をやさしく総復習し、背景まで理解できる「再」入門書。

994
やりなおし高校世界史
——考えるための入試問題8問
津野田興一
世界史は暗記科目なんかじゃない！　大学入試を手掛かりに、自分の頭で歴史を読み解けば、現在とのつながりが見えてくる。高校時代、世界史が苦手だった人、必読。

1306
やりなおし高校日本史
野澤道生
「1192つくろう鎌倉幕府」はもう使えない！　新たな解釈により昔習った日本史は変化を遂げているのだ。ヤマト政権の時代から大正・昭和まで一気に学びなおす。